Fifty Machines That Changed
the Course of History

改变历史进程的
50种机械

（英）埃里克·查林 著
高萍　冯小亚 译

青岛出版社
QINGDAO PUBLISHING HOUSE

/目录/ CONTENTS

了解那些发生在身边的世界变化

50 种改变历史进程的机械

人类与机器之间的关系往往复杂而又矛盾。每一项新技术的发展都会对社会、政治、经济以及自然环境带来不可预见的改变，有时甚至会在短短的几年内终结人们维持了几个世纪的生活方式。人类也许认为机器是自己的仆人，但通过梳理近两个世纪以来那些标志性机器，我们发现，机器往往才是真正的主人，它们深刻地改变了人类的生活以及生产方式。

巧匠

生存在距今约230万至140万年前的智人是众多原始人类中的一个主要分支。他们使用和制作石器工具的能力十分高超，因而有别于其他原始人，为自己赢得了“巧匠”的外号。他们引领人类走上了发明蒸汽机车、真空吸尘器、个人电脑以及哈勃太空望远镜的道路。针对那些改变历史发展脉络的标志性机器，我们的出发点并不是手斧或者车轮的发明，而是1801年，第一台自动织布机的成功应用。在此之前，纺织一直都是手艺熟练的工匠才能从事的工作。虽然自动织布机的出现令当时的纺织工匠生计愈加艰难，但从此以后，机器不断深入地参与到人类生活和文化的各个方面。

第一次工业革命（1760—1860）期间，机器颠覆了工具的制造（罗伯茨机床、惠特

工具不仅是人手的延伸，而机器又不仅是复杂的工具。机器的发明使人更加强大，也为人类带来了更多的福祉。

——亨利·沃德·比奇（1813—1887）

“行会全票通过；判处这些罪恶的引擎死刑；能够对抗一切反对者的卢德；被任命为大执行官。”

——《卢德将军的胜利》(约1812年)

沃斯刨床）以及消费品，特别是纺织品的生产（雅卡尔提花织机、罗伯茨织机、考利斯蒸汽机）。借助这些机器，纺织品的生产实现了机械化和自动化，将熟练的手工艺人变成了无需技能的工厂工人。而通过蒸汽机车和汽船的发展（火箭号铁路机车、大东方号邮轮），运输领域也得到了深刻的变革。

第二次工业革命（1860—1914）给世界带来了一种新型能源——电力（格拉姆发电机、帕森斯汽轮机、西屋交流电系统），而且随着科技进入人们的办公场所（莱诺排字机、安德伍德牌一号打字机、钨丝灯泡、烛台式电话机）和家庭（美国胜家“海龟”型缝纫机、胡佛吸尘器），也见证了更为广泛的社会转型。同时，第二次工业革命还彻底改变了交通（“罗孚”安全自行车、柴油发动机、福特T型车）和大众的娱乐方式（贝利纳留声机、卢米埃尔电影放映机、马可尼无线电）。

制造出现代世界

当代“后工业”社会是一个令人不甚理解的词，毕竟制造业和技术仍然是所有人类社会的必要基础。但生活在这样一个时代，机器将人类从那些重复性最强的工厂劳动(尤尼梅特工业机器人）、家庭劳动（通用电气公司全自动上开门洗衣机、维克特牌割草机)，以及办公室工作（IBM 5150型个人电脑）中解放了出来，并且给人类带来了全新的方式来消磨他们不断增加的空闲时间（贝尔德电视播放机、安派克斯磁带录音机、JVC牌HR-3300EK录像机、雅达利2600游戏机、索尼随身听）、交流（贺氏智能调制解调器、摩托罗拉掌中宝手机）、生产能源（镁诺克斯型核反应堆、维斯塔斯HVK10型风力发电机）和旅行（齐柏林LZ127伯爵号飞艇、德哈维兰公司彗星型喷气式飞机）。最后，但也很重要的一点是，机器使人类能够以前人未曾梦想到的方式（西门子电子显微镜、百代唱片CT扫描仪、土星5号运载火箭、哈勃空间望远镜)来探索自己所生活的宇宙。

设计者：

约瑟夫·马利·雅卡

雅卡尔提花织机

工业

农业

媒体

交通运输

科学

计算机信息处理技术

能源

家用

生产商：
约瑟夫·马利·雅卡尔

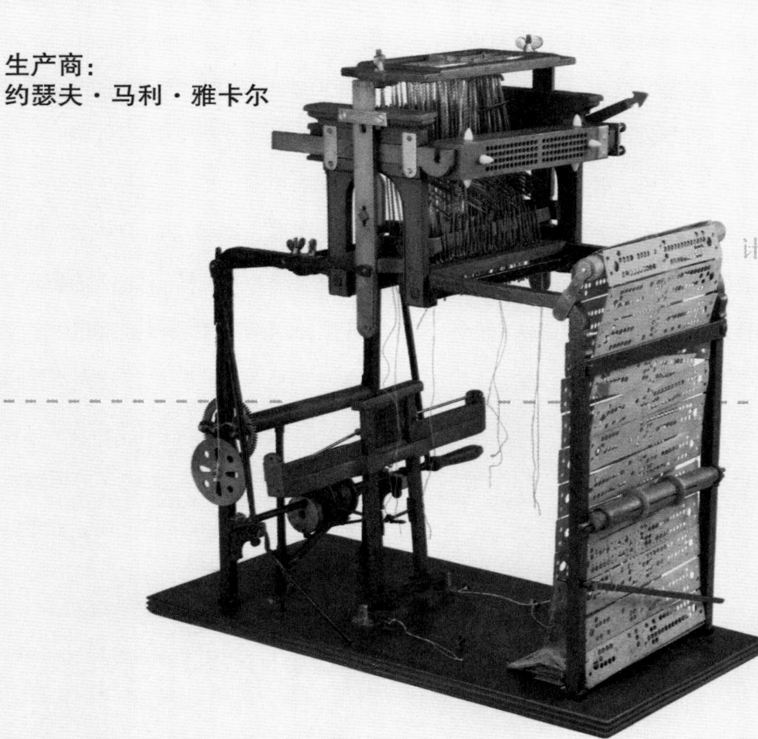

1801

在工业革命之前，纺织——尤其是高档丝绸的纺织——是一种劳动密集程度极高的行业。而高档丝绸的生产则被某些从事纺织工作的手工业者所组建的封闭公会所垄断。这些人都拥有自己的织布机。虽然雅卡尔提花织机并不是法国实现丝绸纺织自动化的第一次尝试，但却是首台在商业上实现成功的机器。

约瑟夫·马利·雅卡尔

御用发明家

要研究改变历史进程的50种机器，雅卡尔提花织机是一个很好的起点。这是因为它的发明与本书所介绍的大多数设备相似，并不是某个人一刹那的灵感，而是在一种更古老的设备——脚踏织机——的基础上，结合了对前人发明的改进。约瑟夫·马利·查尔斯（1752—1834）出身于查尔斯家族中的“雅卡尔”一脉。他希望能将工作繁重的丝绸纺织过程实现自动化，从而消除在生产图案复杂的纺织品时出现的人为错误，并同时解放童工。在采用传统的双人手工提花织机进行丝绸纺织过程中，这些童工被雇佣来充当“拉线工”。为了挑战英国在纺织工业中的主导地位，当时尚未称帝的拿破仑一世（1769—1821）资助了雅卡尔，并且鼓励他去实现第一个目标。

雅卡尔提花织机成为全世界丝绸工业的基础。这里展示的是1914年位于曼彻斯特南部的织锦缎工厂。

织布机发展史

背带织布机 **新石器时代**

垂直织布机 **新石器时代**

脚踏织机 **约公元300年**

鲁修织布机 **1725年**

福尔肯织布机 **1728年**

沃康松织布机 **1745年**

雅卡尔提花织机 **1801年**

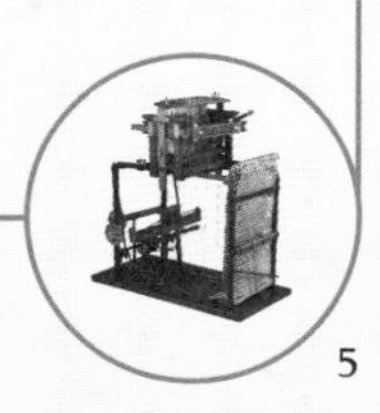

里昂是法国丝绸工业的中心，在法国工业革命即将展露曙光之际，雅卡尔出生在了这里的一个丝绸纺织工家庭，拥有了进行发明的天时与地利。1801 年，雅卡尔在巴黎工业展览会上展出了自己的首个成果，但他却是在看到雅克·沃康松（1709—1782）半个多世纪以前制作的采用了简单打孔卡的织布机之后，才彻底完善了自己的发明。1805 年，此时已然登基的法国皇帝拿破仑在视察了雅卡尔的成品织布机之后龙颜大悦，授予了他一项终身嘉奖。截至 1812 年，也就是拿破仑惨败于俄国的那年，尽管丝绸织工因为担忧雅卡尔提花织机会毁掉自己的生计而表达了激烈的反对，法国仍然有 11000 台雅卡尔提花织机投入使用。不过雅卡尔虽然成功地实现了丝绸纺织的自动化，并将自动化引入到了工业生产中，但他并未能改变纺织童工的悲惨命运。由于丝绸织造厂不再需要这些童工，他们只好去磨坊或其他工厂从事更加危险的工作。

雅卡尔的发明引发了制造业的全面革命；它是过去和未来的分界线，开创了一个新时代。

——《雅卡尔提花机颂歌》（1840），弗朗索瓦·玛丽·富通著

解析

雅卡尔提花织机

[A] 雅卡尔提花装置
[B] 打孔卡
[C] 梳齿
[D] 经纱
[E] 线轴
[F] 梭子
[G] 脚踏

主要特点:

打孔卡

最早发明打孔卡的并不是雅卡尔，而是琼·福尔肯。1728 年，福尔肯将打孔卡应用在了自己的织布机上。不过在 1805 年，雅卡尔在设计中对打孔卡进行了改进。卡片上孔洞的排列模式是一个能够创造出最终设计的基本“程序”。1839 年，一幅用雅卡尔提花织布机织出的雅卡尔的肖像使用了 24000 张打孔卡。雅卡尔对打孔卡的使用也被认为是计算机发展史上的一个重要里程碑。

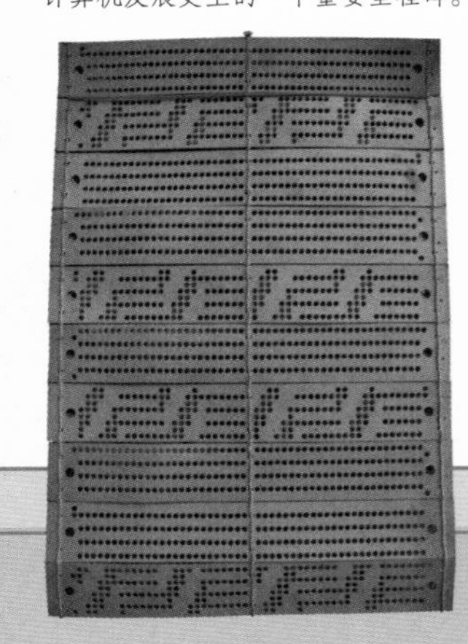

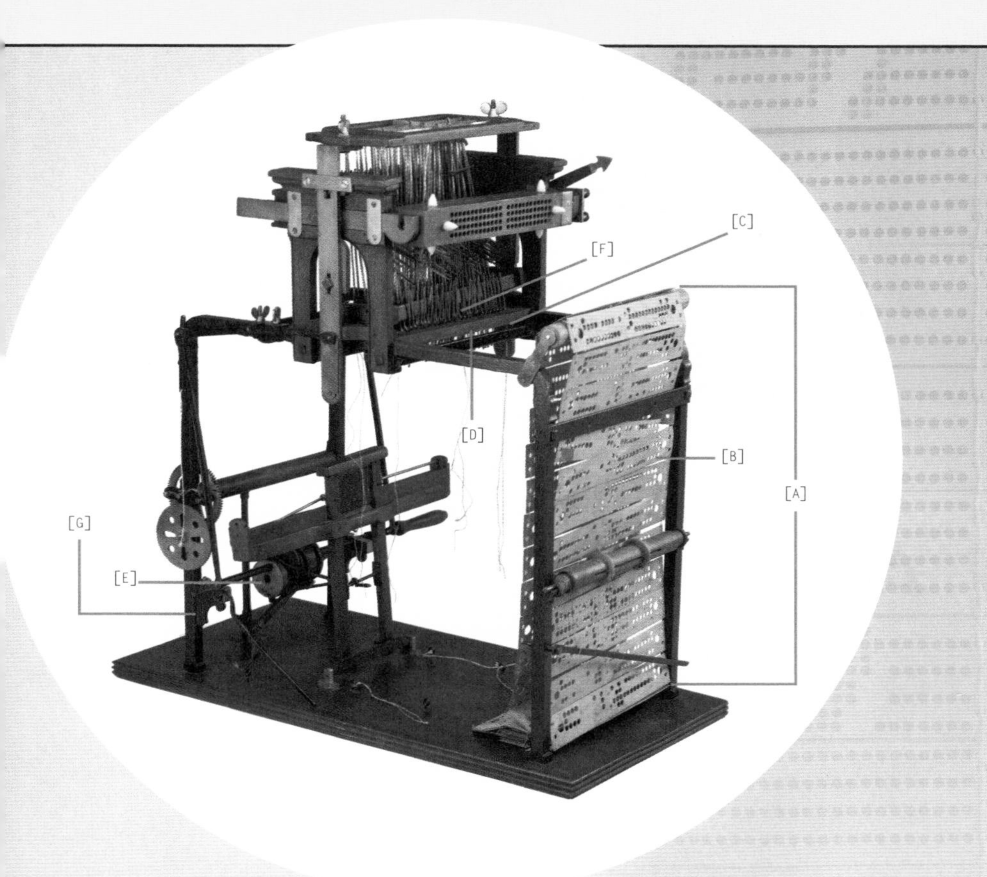

织造平纹织物时，纬纱随梭子从或提起或放下的经纱中间穿过。梭子每次穿梭，经纱都要变换一下高低位置。然而，要想纺出带图案的织物，织工需要在梭子穿过时抬起不同的经纱。要实现这一点，传统的手工提花织机需要增加个人，也就是拉线工来手动控制经纱。这意味着复杂的设计会十分费时，并且可能无法完全实现对图案模式的重复。

雅卡尔提花装置的基础是打孔卡，卡上携带着实现设计所需要的信息。在打孔卡绕着一根有孔方柱穿过提花装置的同时，吊钩对卡片进行“读取”，并根据自己接触的是孔还是实心纸板来确定是提起还是放下经纱，从而保证每一次都能使设计完美实现。雅卡尔提花机的速度远远超过了传统的方法。雅卡尔还通过组合八排针增加了织机的生产能力。而且由于每个吊钩都可以与多个线轴相连，图案可以多次重复。

设计者：

理查德·罗伯茨

罗伯茨机床

工业

农业

媒体

交通运输

科学

计算机信息处理技术

能源

家用

生产商：
理查德·罗伯茨

所有的事情都是锤子、锉刀和凿子完成的。罗伯茨先生很快意识到如果没有更好的工具，就无法实现更高的机械精度。

——《力学》杂志（1864）

1817

理查德·罗伯茨是一位天才发明家。他发明了罗伯茨走锭纺纱机、罗伯茨织布机以及最早的气量计。不过他真正的职业生涯却是始于对机床的设计和改进，尤其是本章所要介绍的一种刨机——罗伯茨机床。

理查德·罗伯茨

拧紧螺丝

如说起19世纪有哪些机器最重要，我们可能会想到蒸汽机、机车或者机动织机，但是如果没有机床，这些机器全都无法实现量产。机床不仅加快了工作速度，节约了劳动力和成本，而且还保证了标准化部件的生产精度。19世纪之前，人们在木头和金属上刨、铣或者钻孔时使用的工具自中世纪以来几乎没有发生什么变化，一直很简陋。然而随着工业时代的到来，大量的需求促使英国的发明家开发了一系列高精度机床。这些发明家中最有天赋并且最多产的莫过于理查德·罗伯茨（1789—1864），他被同时代的人誉为“现代力学机制领域真正的先驱之一”。

机床是一种用于固定并旋转木制或金属工件的工具，以便对工件进行切割、打磨、钻孔或成型。常见的机床加工件包括木制桌腿和金属凸轮轴。1817年，为了能生产出精度更高的金属部件，罗伯茨设计了自己的机床，其精度远高于传统加工方式。重型罗伯茨机床长6英尺（约1.8米），完全由铸铁制成，即使加工重型金属零部件亦能保证加工精度。该机床包括一个螺杆驱动的带刀架滑板、固定工件用的主轴承以及机床尾架、连接外部动力——在底部转动轮子的罗伯茨夫人，以及带动皮带传动的滑轮和一个控制机床工作速度的后齿轮。虽然罗伯茨机床并不像下一章中斯蒂芬森发明的火箭号铁路机车那么令人印象深刻，但它在工程和工业历史上所扮演的角色可能更加重要。因为正是借助它加工出来的标准化部件，各种产品的大规模生产才有了可能。

设计者：

乔治·史蒂文森

史蒂文森火箭号铁路机车

工业

农业

媒体

交通运输

科学

计算机信息处理技术

能源

家用

生产商：
罗伯茨·史蒂文森公司

1829

史蒂文森的火箭号并不是史上第一台铁路机车，但是它无疑是最具代表性的早期蒸汽机车之一。在1829年的雨山铁路机车大赛中，史蒂文森的火箭号大获全胜。通过这项比赛，人们确定了利物浦和曼彻斯特的铁路客运所使用的机车车型。这条铁路1830年在英国开通，比1825年世界上第一条公共铁路——斯托克顿至达林顿铁路——晚了5年，它是世界上第一条客货两用的城际铁路。

史蒂文森的实验和胜利

1829年10月，人们目睹了铁路时代早期最重大的事件之一——雨山铁路机车大赛。比赛的优胜者将赢得一份铁路机车合同，为英国第一条城际铁路——利物浦到曼彻斯特铁路——生产客运和货运机车。放在喷气式客机时代，这就好比让波音747–400和空中客车A380在伦敦到纽约航线上举行一场盛大的比赛。利物浦港是英国第一次工业革命期间形成的一个重要的中心城市，而这次机车大赛的举办地则设在雨山乡附近的一段铁路上。这里位于利物浦港以东，距离港口仅有9.3英里（约15公里）。

大赛于10月7日到14日举行，引发了公众极大的兴趣，各界名流、观光客以及英国传媒界诸多记者纷纷前来观赛。除了500英镑的奖金，获胜者还会在赢得新铁路的机车合同的同时蜚声天下，并且毫无疑问，在接下来的几年中还将不断获得许多利润丰厚的合同。在五个参赛者中，其中一个是已被时代淘汰的以马为动力的独眼巨人号。竞争主要在乔治·史蒂文森（1781—1848）和他儿子罗伯特（1803—1859）设计的火箭号，以及无与伦比号和新奇号之间展开。比赛规则规定了机车的最大重量和设计特点，试验行驶路程为35英里（约56公里），在有负载和无负载的情况下各进行一次，以确认机车的平均运行速度和燃料消耗量。

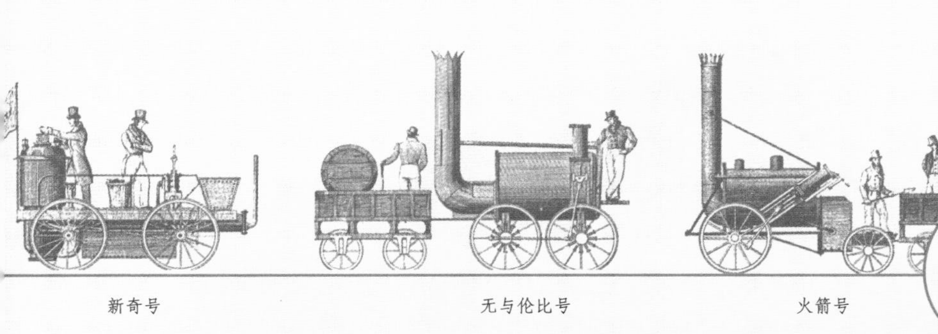

新奇号　　无与伦比号　　火箭号

在1830年制造的火箭号中，活塞和汽缸被改进为水平设计，提高了机车的整体稳定性。这成为后来机车的标准设计。

比赛一开始，无与伦比号因为重量超标而差点被取消比赛资格，不过在比赛中，它的表现与火箭号一直不相上下。但后来它由于出现了汽缸破裂而不得不退出比赛。火箭号真正的对手则是新奇号。在拉着满载车厢的情况下，新奇号的速度达到了前所未有的32英里/小时（约51.5公里/小时），震惊了公众。然而，它也同样因为遭遇技术难题而被迫退出了比赛。火箭号是唯一一台完成比赛的机车。在牵引三倍于自身机车重量的情况下，其平均速度达到了12.5英里/小时（约20公里/小时），而在牵引载客车厢时，它的速度则达到了24英里/小时（约38.6公里/小时）。

火箭号表明，世界上诞生了一种新的动力。它充满了活力和力量，有着广阔的应用领域。这是一种对蒸汽动力的简单但又令人钦佩的发明。结合多管式锅炉，它能在瞬间给机车带来充沛的动力，保证了铁路系统的胜利。

——《乔治·史蒂文森的一生》（1860），塞缪尔·斯迈尔斯著

自学成才的工程师

乔治·史蒂文森被人们誉为“铁路之父”。在他所生活的时代，世界上没有任何技校、专科学校或者大学专门教授人们机械科学与工程知识。史蒂文森出身于一个非常贫困的家庭，父亲是一名矿工，因此他从小就要工作，几乎没有受到任何正规教育。14 岁时，他得到一份工作，在电车上当司闸员，后来又在煤矿上当机车司炉工。渐渐地，他开始依靠自学的方式维修自己负责的机车。1803 年，史蒂文森结婚，他的独子，也是未来的工作伙伴罗伯特出生。1816 年，史蒂文森展示出了自己的技术能力，制造出了第一辆机车，并将它命名为布吕歇尔号。这个名字源于普鲁士将军布吕歇尔，他 1815 年帮助威灵顿公爵（1769—1852）在滑铁卢打败了拿破仑。这台机车与当时煤矿拉煤的大多数机车非常相似。

从制造机车开始，史蒂文森开始涉足铁路设计的方方面面，并且对包括桥梁以及隧道设计在内的其他领域亦有涉猎。此外，由于先前的木制轨道已无法承受重型机车的重量，他还设计了一种新型铸铁轨道来替代它。通过规划建设长 26 英里（约 42 公里）的斯托克顿到达灵顿铁路，史蒂文森变得举国闻名。斯托克顿到达灵顿铁路于 1825 年开始运行，是世界上第一条客运兼货运收费铁路。史蒂文森为该铁路制造了包括旅行号在内的多台机车。旅行号首次开行时拉了 600 名乘客，速度为 10—12 英里每小时（约 16—19 公里 / 小时）。尽管在今天看来，这个速度犹如蜗牛前行，但对于当时习惯了步行或乘坐缓慢而又颠簸的马车出行的公众来说却是十分震撼的。火车时代开始了。

乔治·史蒂文森被誉为“铁路之父”，他几乎没有受到任何正规教育，全靠自学成才。

第一起火车伤亡事故

史蒂文森的胜利令他声名鹊起，并让他成为世界领先的机车制造商。然而利物浦至曼彻斯特的铁路却差点没能建成。由于儿子罗伯特去了南美，史蒂文森将测量线路的工作交给了一个雇员。1825 年，由于发现测量结果有误，整个工程几乎被议会否决。另外，铁路还遭到了私有土地所有者和运河经营者之类竞争对手的激烈反对。前者不希望铁路穿过他们的土地，而运河则一直都是运输重型货物的渠道。史蒂文森因此遭到了解职，不过一年后，他的职务又被恢复。

1830 年，利物浦至曼彻斯特的铁路终于完工。这条 35 英里（约 56 公里）长的铁路拥有多项世界第一。它有着第一条位于市区地下的隧道，一处 70 英尺（约 21 米）深的路堑，还有 64 座桥梁和高架桥，并有一段 4.75 英里（约 7.6 公里）长的铁轨“漂浮”在查特泥沼上。

这条铁路的开通典礼吸引了英国首相以及威灵顿公爵等政要的参加。在活动中场休息期间，国会议员威廉·赫斯基森（1770—1830）下了火车，顺着铁轨与公爵边走边谈。不幸的是，他没有注意到火箭号正快速沿另一条铁轨向他驶来。惊慌失措之下，他摔倒在了铁轨上，被机车撞断了腿。尽管火车将他载去了医院进行抢救，但几个小时后他终因伤势过重而死。这使他同时成为第一个受伤后乘坐火车的人以及首个死于火车事故的人。

蒸汽机车发展史

默多克的蒸汽机车	**1784 年**
特里维西克的庞依戴伦机车	**1804 年**
斯蒂文森的布吕歇尔号	**1812 年**
斯蒂文森的布鲁彻尔号	**1816 年**
斯蒂文森的旅行号	**1825 年**
哈克沃斯的皇家乔治号	**1827 年**
斯蒂芬森的火箭号	**1829 年**

火箭号拉着乘客和货物飞驰在世界上第一条城际铁路上。

史蒂文森火箭号铁路机车

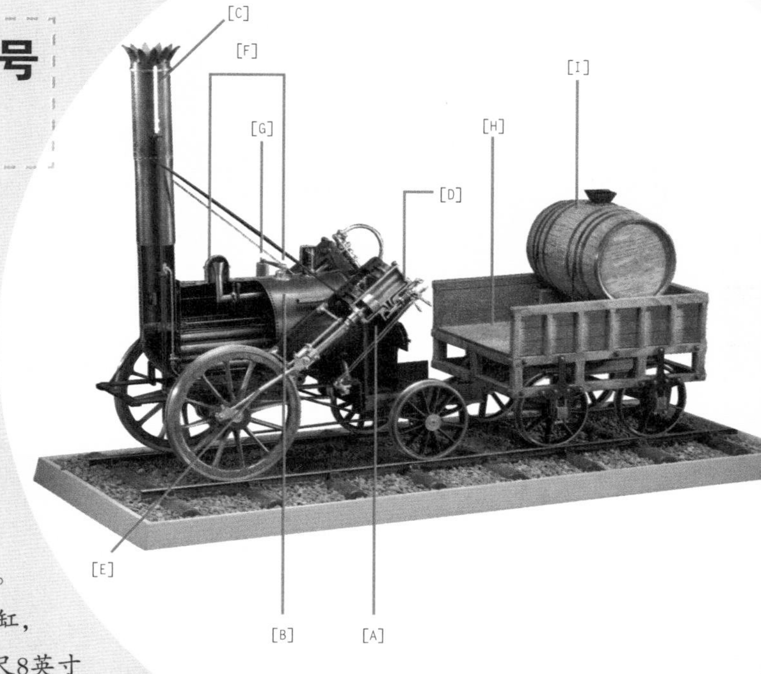

与后世采用6个车轮承载自身重量的机车不同，火箭号的车轮布置为0–2–2型，配有独立的煤水车。火炉对多管式汽锅进行加热，为机车提供蒸汽，二者尺寸分别为2×3英尺（约61×91厘米）和6×3英尺（约183×91厘米）。火箭号有两个呈35度角的汽缸，一对前驱动轮的直径为4英尺8英寸（约141厘米），带有连杆，由活塞驱动。后轮则独立于驱动轮，直径为2英尺6英寸（约76厘米）。早期机车的活塞通常设计为垂直型，机车容易产生摆动。火箭号对于活塞角度的改进提高了机车的稳定性。1830年，火箭号进一步将汽缸改进为水平方向。这很快成为此后机车的标准设计。火箭号设有两个安全阀和一个送风管，以便将汽缸排出的废蒸气送到烟道底部，从而创造出部分真空，使气流穿过火焰。

[A] 锅炉
[B] 多管式汽锅
[C] 烟道
[D] 倾斜式汽缸
[E] 连杆
[F] 安全阀
[G] 排汽管
[H] 燃料输送车
[I] 水箱

主要特征:

多管式汽锅

多管式汽锅是火箭号的一大进步。不同于之前的单管汽锅，多管式汽锅由25根直径3英寸（约7.6厘米）的铜管组成，大幅增加了传热面积，使机车效率更高，有足够动力进行重载运行。在此后的汽锅设计中，管道的数量进一步增加。

04

设计者：

理查德·罗伯茨

罗伯茨织机

工业

农业

媒体

交通运输

科学

计算机信息处理技术

能源

家用

生产商：
夏普 & 罗伯茨公司

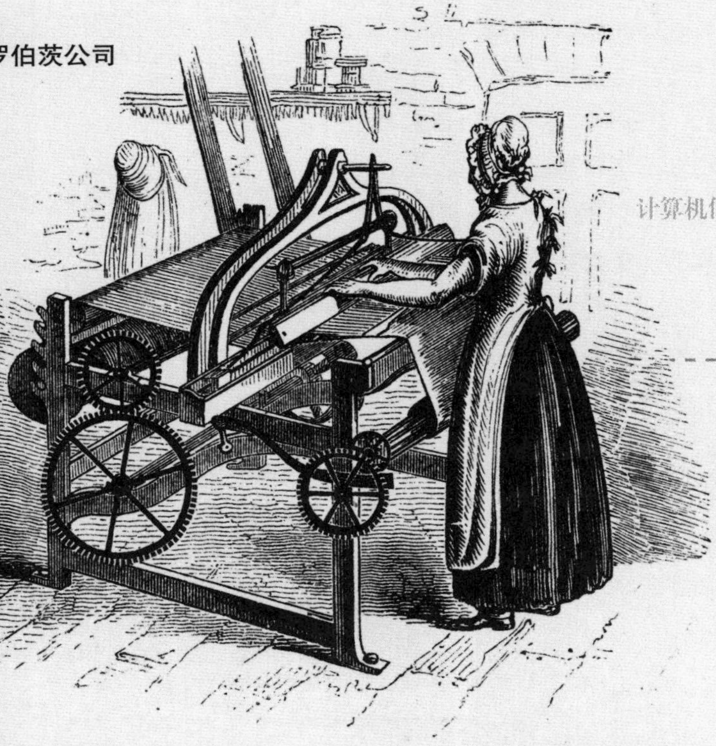

1830

尽管动力织布机早在1785年就已面世，但直到罗伯茨在近半个世纪后制造出了自己的织布机，动力织布机才开始触动手摇纺织机在英国纺织业中的地位。一如罗伯茨机床，罗伯茨织布机坚固耐用，精度高，采用了标准化部件，可以实现大批量生产。

逃兵役的织造业先驱

在介绍罗伯茨高精度机床时，我们认识了才华横溢的英国工程师兼发明家理查德·罗伯茨（1789—1864）。在设计和制造纺织机械中，罗伯茨展现出了相同的独创性以及对精度和准度的重视。他的机器采用了可量产的标准化组件，不再是之前那种单独制造的定制设备。除了动力织布机，罗伯茨还在1825年借助其革命性的走锭精纺机实现了纺纱的自动化。这些发明的结合使得织物生产从一门对技能要求较高的手艺变成了一种机械化的工业生产工艺。罗伯茨的铸铁织布机坚固可靠，在英国兰开夏郡得到了工厂主的广泛使用。12年后，随着采用了多项罗伯茨发明的兰开夏郡织布机的出现，人们实现了纺织的全面自动化。

纺织工业的机械化大大减少了这个行业的用工数量。

罗伯茨和他同时代的许多人一样，出身贫寒，接受的正规教育非常有限。他出生在威尔士和英格兰交界处一个叫做兰尼

动力织布机发展史

卡特莱特织机 1785年

拉德克利夫织机 1802年

霍罗克斯织机 1813年

穆迪织机 1815年

罗伯茨织机 1830年

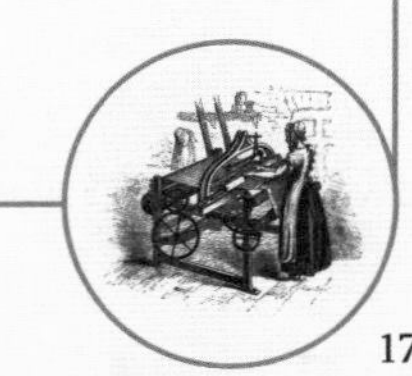

麦尼彻的村庄，父亲是一名鞋匠。在教区牧师那里上了一阵子学之后，罗伯茨在一条运河上找了份工作，之后又去了石灰石采矿场。20 多岁时，他在一家钢铁厂做了模型技工，后来被提拔为组长。为了不被征兵送去打仗，罗伯茨去了曼彻斯特，并在那里找到了自己第一份与车床和工具制作相关的工作。然而由于当局还在为他逃服兵役之事搜捕他，他又徒步走到了伦敦。在这里，他在英国机床行业的先驱之一——亨利·莫兹利（1771—1831）——手下找到了工作。许多在当时最具才华的工程师都曾在亨利·莫兹利的车间工作过。1815 年战争结束后，罗伯茨回到了曼彻斯特，在那里开始了自己的事业。尽管罗伯茨是一名机械工程天才，但却不是一名成功的商人。他的人生与同时代的约瑟夫·惠特沃思（见下一章）不同，尽管他拥有多项专利和成功的发明，最后却死于贫困。

罗伯茨对织布机的改进令他的时代前进了一大步。

——《棉布纺织的发展、原理与实务》（1895），理查德·马斯登著

解析

罗伯茨的织布机

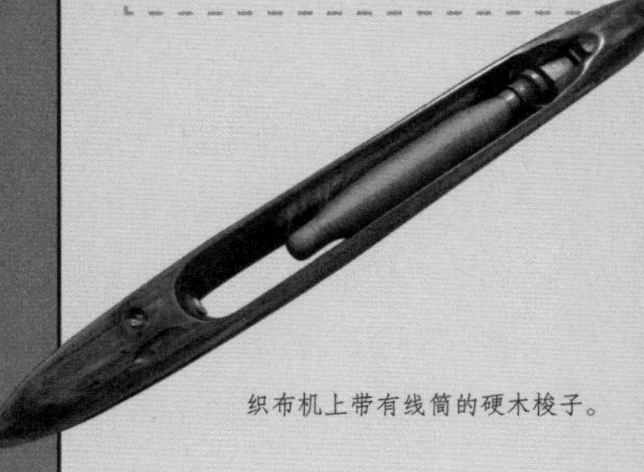

织布机上带有线筒的硬木梭子。

[A] 铸铁机座
[B] 打板
[C] 经轴
[D] 辊主轴
[E] 综线
[F] 卷布辊
[G] 胸梁

主要特点:

卷取齿轮装置

根据马斯登的《棉布纺织》（1895）一书记载，罗伯茨织布机最大的特点便是它采用了卷取齿轮来收紧布料以防止纱线破损。罗伯茨在 1822 年获得了该装置的专利。卷取齿轮装置包含一个位于卷布辊的齿轮，控制着纱线穿过织布机的速度，卷布辊则由一个固定在棘轮上副齿轮控制。

传统的梭织机有四个基本操作。一是开口，即用综片将经纱提起，以便梭子穿过。这一点可以通过雅卡尔提花织机装置自动控制。二是引纬，也就是梭子从织机的一边到达另一边，并包括纺织织物的边缘。三是打纬，即将纱线往成品织物上压。最后是卷取，意思是将织物成品卷到辊上，并将经纱从经轴上放开。罗伯茨织布机能够自动完成这四个动作，使得它成为第一台成功的商用动力织布机。

在罗伯茨的织布机出现之前，机器框架都是木制的。但是罗伯茨采用了一种坚固的由标准零件制成的铸铁框架。这不但降低了生产成本，而且由于发生故障时不再需要定做新部件，机器的维护也变得更加简单。早期织布机设计师所面临的最大挑战之一就是如何使整个机器保持相同的拉力，避免经纱断开。为了解决这个问题，罗伯茨采用了全新的卷取齿轮，并且还在织机中内置了制动器以及切断装置。织机侧面有两个投梭杆用于投梭，梭子进入梭箱后压下起制动器作用的投梭杆。如果投梭杆没有被压低，有可能是因为纱线断了，梭子没有返回到梭箱里，织布机将自动停止。

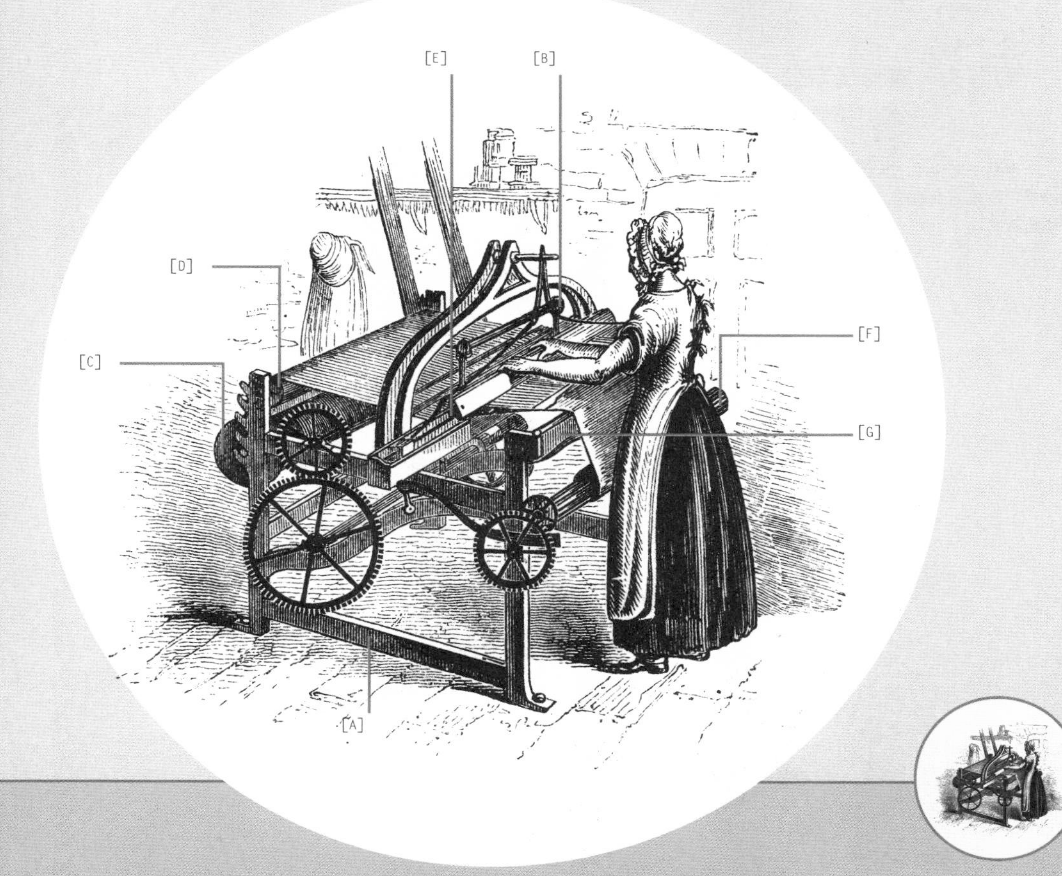

设计者：

约瑟夫·惠特沃斯

惠特沃斯刨床

工业

农业

媒体

交通

科学

计算机信息处理技术

能源

家用

生产商：
约瑟夫·惠特沃斯公司

（惠特沃斯先生）为刨床带来了优异的结构精度以及表面处理能力，目前为止，大概无人能出其右。

——《工程师》（1863）

与自己的同辈以及曾经的同事理查德·罗伯茨相似，约瑟夫·惠特沃斯的职业生涯始于对螺纹车床以及本章主题——惠特沃斯刨床等——高精度机床的制造。他因多项成就而受到世人的缅怀，这其中就包括对英国第一套螺纹标准的制定。

约瑟夫·惠特沃斯

平整可见

两种机器主宰了早期的机床行业：一是我们之前讲过的车床；另一个就是本章的主题，约瑟夫·惠特沃斯（1803—1887）设计的刨床，又叫刨机。虽然加工木制品的手动刨机很早就出现在了世界上，但要使金属表面达到高度平整则是一项要求极高的工作。我们可以采取不同的方法实现金属表面的平整，但其平整程度却完全依赖于工匠的技能水平。然而，即使有最敏锐的眼睛和最熟练的技巧，这些技术也无法达到批量生产所要求的精度和标准化水平。再加上手工生产所需耗费的额外劳动力以及时间，意味着这样生产出来的设备都是成本极为高昂的定制产品。

我们很难考证刨床的发展历程，对于它的发明和后续改进有着各种各样的说法。在早期的刨床设计中，工件在台面上移动，上面悬有刀具。台面沿着一条直线来回移动，使得切刀可以切削掉一部分金属表面，然后将刀具移到一面进行重叠切削，且该切削与之前的切口完全匹配。人们使用刨机来为包括蒸汽机、铁路机车和纺织机械在内的很多不同的机械设备部件制造高度平整的表面。尽管惠特沃斯并不是第一个设计出刨床的人，但他的动力设计比之前的发明者以及他的竞争对手精度更高，同时也更易于操作，因而被公认为是最好的刨床之一。

惠特沃斯并没有像理查德·罗伯茨那样潦倒而死。相反，他发了大财，并将自己的机床事业扩展到了武器制造领域，曾在克里米亚战争（1853—1856）期间为英国军队生产武器装备。对于自己积累的大量财富，惠特沃斯捐出了其中一部分来促进职业教育的发展。他赞助了当时新成立的曼彻斯特机械学院（现在的曼彻斯特大学理工学院），并创建了曼彻斯特大学设计学院。

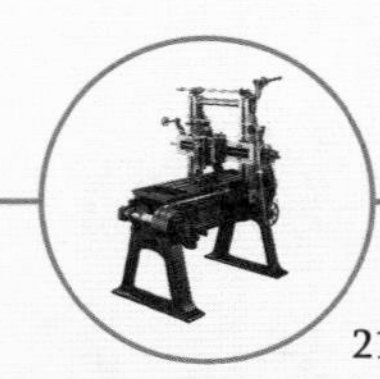

设计者：

乔治·考利斯

考利斯蒸汽机

生产商：
考利斯 & 南丁格尔公司

工业
农业
媒体
交通运输
科学
计算机信息处理技术
能源
家用

1849

虽然蒸汽机是古希腊人的发明，但是在 17 世纪末之前并没有得到实际使用。蒸汽动力起初仅仅是对水力的补充，但最终成为第一次工业革命的主要动力源。效率极高的考利斯蒸汽机完成了这个进程，为磨坊、工厂提供动力，解除了它们原来必须设在水源附近的局限。

乔治·考利斯

美国的詹姆斯·瓦特

到目前为止，我们已分别介绍了一位法国人和三位英国人的发明。而本章的主题——考利斯蒸汽机——则是北美的首批标志性机器之一。在有关第一次工业革命的讨论中，英国的发明家和工程师占据了极大优势，以至于人们很容易忽略世界其他地区的科技也在进步。自殖民时代开始，北美的 12 个殖民地一直都在发展自己的民族工业和技术，使得美国在独立后得以迅速赶超英国的工业成就。

虽然法国人早在 1690 年就发明了固定式蒸汽机，但它的商业化确实在英国由托马斯·纽可曼（1664—1729）实现的。随后，这种机器得到了许多改进，这其中最著名的改进则出自詹姆斯·瓦特（1736—1819）之手。

尽管在接下来的几十年里，后人对瓦特的原始设计进行了诸多改进，但乔治·考利斯（1817—1888）的改进被人们认为最得瓦特真髓。他在 1849 年为自己的蒸汽机申请了专利。考利斯出生于纽约州北部，是一名乡村医生的儿子。按照当时的标准，他算是受到了良好的教育，但当时学校里并不教授机械工程知识。毕业后，他开了一家杂货店。

固定式蒸汽机

帕潘蒸汽机	**1690 年**
萨韦里蒸汽机	**1698 年**
纽可曼大气蒸汽机	**1698 年**
瓦特蒸汽机	**1765 年**
瓦特双动蒸汽机	**1784 年**
特里维西克高压蒸汽机	**1800 年**
考利斯蒸汽机	**1849 年**

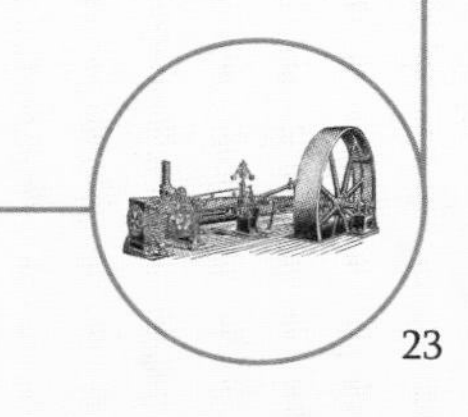

3年后，考利斯决定转行，从事一个可以运用自己对机械工程的兴趣的职业。在1842年，他取得了制作鞋和皮革制品的重型缝纫机的专利。两年后，他搬到了罗得岛州普罗维登斯市，希望能在那里为自己的缝纫机找到资金支持。然而，他找了一份绘图员的工作后，很快就发现了一个新的工程项目——改进固定式蒸汽机。尽管当时这种机器已经发展了六十多年，但还是效率低下，运行成本高昂，一般都被用来为水磨坊的泵提供动力。

（到1876年，）人们已经公认考利斯的设计是美国人对蒸汽机的发展所作出的最重大的贡献之一。

——《亨利的阁楼》（2006），F.R.布赖恩及S.埃文斯著

百年发动机

1848年，考利斯开始将自己改进过的固定式蒸汽机投入商业化生产，并在一年后为自己革命性的阀动装置申请了专利。他所制造的发动机采用了标准部件，从而降低了其起始价格和维护成本，使得磨坊主和工厂主能够负担得起。但这款机器的主要卖点是其经济性，它比竞争对手的燃料效率高30%。有史以来，磨坊终于可以不再依赖水力，搬离自己曾经依赖的贮水池、运河以及河流。在19世纪后期和20世纪，考利斯蒸汽机与大量的廉价移民工人一起扮演了美国工业力量的基础。

1876年在宾夕法尼亚州费城举行的百年博览会上，考利斯的蒸汽机被选定为整个博览会提供动力，考利斯的职业生涯借此达到了巅峰。作为19世纪建造的最大同类发动机，考利斯蒸汽机高45英尺（约13.7米），配有44英寸（约1.1米）的双汽缸，驱动直径为30英尺（约9.1米）的飞轮产生1400马力的功率。考利斯蒸汽机十分高效、可靠而经济，直到21世纪我们还能在一些酿酒厂看到它的身影。

1876年，一台巨大的考利斯蒸汽机给在费城举行的整个百年博览会提供了动力。

解析

考利斯蒸汽机

乍一看，考利斯蒸汽机采用的是固定式蒸汽机的标准设计，一个或多个活塞驱动飞轮以每分钟100转的速度旋转。考利斯蒸汽机有不同的尺寸，其中最大的是百年展览会所使用的巨型蒸汽机，它高45英尺（约13.7米），中间横着的飞轮尺寸为30英尺(约9.1米)。人们采用这些蒸汽机来为磨坊提供动力，终结了磨坊对水动力的依赖，之后人们还用它们来发电。对比之前和同时代的蒸汽机，考利斯蒸汽机超凡的优越性来源于它的阀动装置。

主要特点：

考利斯阀动装置

考利斯蒸汽机的每个汽缸都配备有四个阀门，各端均设有进气阀和排气阀。循环开始时，活塞在汽缸的一端，左侧的排气阀和右侧的进气阀同时打开。蒸汽进入汽缸，推动活塞向相反的一端运动。冲程完成一半时，右侧进气阀关闭。活塞完成整个冲程后，右侧的排气阀和左侧的进气阀同时打开，让活塞右侧的蒸汽排出，同时蒸汽进入到左侧，推动活塞。冲程进行了一半时，进气阀关闭，蒸汽膨胀推动活塞到汽缸的另一端，完成整个循环。

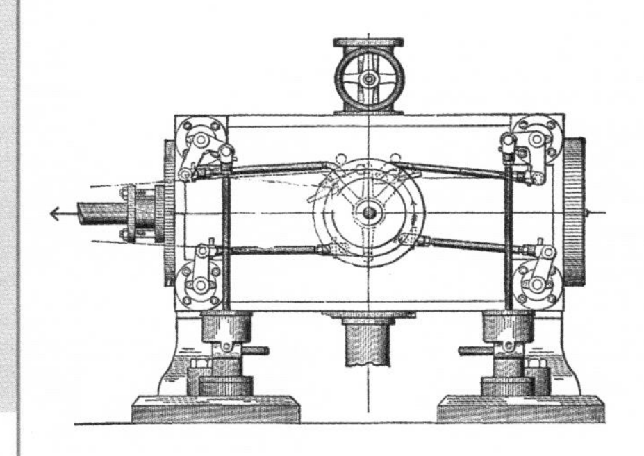

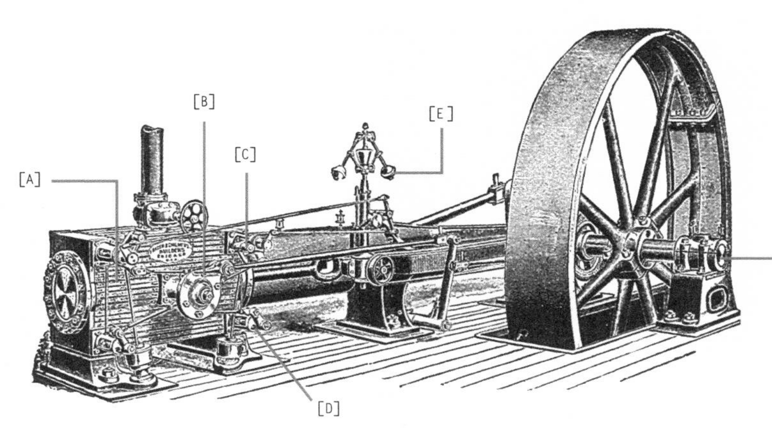

[A] 蒸汽缸
[B] 肘板（阀动装置）
[C] 蒸汽进气
[D] 蒸汽排气阀
[E] 调节器
[F] 曲轴（阀动装置偏心轮）

设计者：

查尔斯·巴贝奇

巴贝奇差分机

工业

农业

媒体

交通运输

科学

计算机信息处理技术

能源

家用

生产商：
佩尔·乔治·舒尔茨

1855

随着工业革命的开始，科学家、工程师、金融家、测量师以及航海家都需要更准确的数学和天文学表格协助计算。然而此类表格都是手工排版，错误连篇。针对这种情况，数学家兼发明家查尔斯·巴贝奇设计出了几种可以完美进行表格计算和印刷的“机器”。

蒸汽驱动计算机

在本书所介绍的所有标志性机器中，本章的机器非常与众不同。它是唯一一台从未按照发明者查尔斯·巴贝奇（1791—1871）的设想制造的机器。事实上，完全忠实于发明者构思的差分机 2 号直到 20 世纪才得以制造出来。1991 年，为了纪念巴贝奇诞辰两百周年，伦敦科学博物馆委托他人制造了一台完整的工作机。然而，差分机的制造之所以失败并不是因为缺乏资金、精力以及合作者的支持。经费方面，并不以慷慨闻名的英国政府给这个项目前后投入了 17000 英镑的资金，这在当时看来可算是一笔巨款，并且直到 10 年后，在情形已经非常明朗，机器不可能完成的情况下才终止了这个项目。此时，机器发明者已经雄心勃勃地转身设计分析机去了。如果分析机能够建成，它将成为世界上第一台可编程计算机，比德国 1936 年发明的“Z1”要早一个世纪。

然而，英国政府的兴趣并不在于慈善事业或对纯科学的追求。在 19 世纪初期，工程师、会计师、银行家、测量师、科学家、航海家以及军队都迫切需要现成的、准确的数学及天文学表格来帮助他们进行计算。天文学家弗朗西斯·贝利在 1823 年关于差分机的文章中列出了包括对数、平方和立方在内的 12 个数学用表，以及一些用于助航设备的天文学表格。这些表格虽然早已存世，但他发现表中有很多谬误，并且其中大部分是在排版阶段出现的。剑桥大学数学教授和多产发明家巴贝奇回应了贝利的关注，他在 1821 年恼怒地写道：“我希望上帝能让蒸汽机来执行这些运算。”

巴贝奇先生在制造机器时心中的目标是能够制成并印刷所有数学表格，而且每次复制时都不会出现错误。

——《天文学通报》（1823），弗朗西斯·贝利著

差异万岁！

分别被简单命名为“1号”和“2号”的两台差分机都是自动曲柄操作的机械计算器，其设计目的是创建零差错表格。差分机根据艾萨克·牛顿（1642—1727）的均差法生产出印刷板模具的。巴贝奇之所以选择这种方法是因为它完全依赖于加法（在现代计算机中，减法就是负数的加法），可以避免使用在机械上更难实现的乘法和除法。巴贝奇的差分机2号可以存储8位数字，具有31位精度，并能准确制出七次多项式表格。

均差法的原则是，差分可以减少多项式的1个阶次。如果这样反复进行就可以得到一个0阶次的多项式，也就是一个常数。下方的表格以一个二阶（或二次）多项式为例子演示了该方法。第一列显示相继值x=0,1,2,3,4；第二列显示的是相应值p(x)；第三列为第二列中两个相邻值的一阶差分d1(x)；第四列则是两个相邻值一阶差分的二阶差分d2(x)。对于二次多项式来说，二阶差分恒定为常数，在这个例子中就是6。按照从左到右的顺序，这个表格很简单就可以构建出来。前面的几个值一填进去，就可以根据从右上角到左下角对角线顺序的值得到后续的值。要计算p（5），只要先用第四列的值6（常数）与第三列的19相加得到25，再加上第二列的数字42就可以得出p(5)等于25+42=67。重复上述步骤，可以得出p（6）=98，以此类推。

x	p(x) = 3 x 2 – 2x + 2	d1(x) = p(x + 1) – p(x)	d2(x) = d1(x +1) – d1(x)
0	2	1	6
1	3	7	6
2	10	13	6
3	23	19	
4	42		

表格值 p(x)=3x2—2x+2(由D.斯考特博士提供)

制造巴贝奇的机器

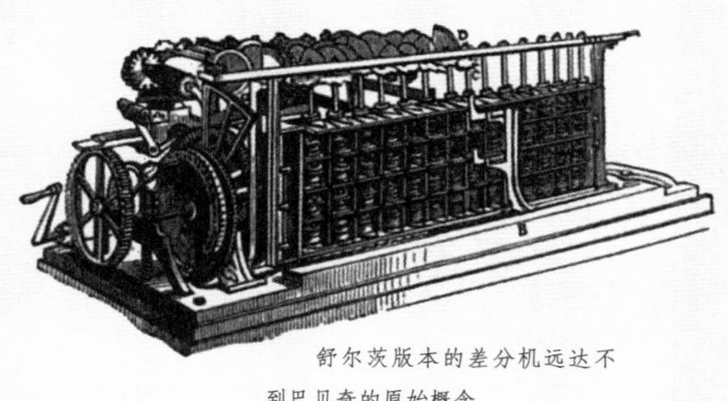

舒尔茨版本的差分机远达不到巴贝奇的原始概念。

在伦敦科学博物馆成功制造出差分机2号之前，包括巴贝奇自己在内，人们曾经多次尝试制造差分机。1823年，巴贝奇从英国获得了1700英镑的资金。他聘请了当时最优秀的绘图员和模具制造者之一约瑟夫·克莱门特（1779—1844）与他一起制造差分机1号，但他们两个人在社交和性格方面有着天壤之别。巴贝奇是个性格敏感的学者，而克莱门特则性格直率，不圆滑。1832年，两人因为钱的问题产生争执，同时政府停止资助也导致了项目的中断。尽管如此，克莱门特和巴贝奇还是制造出一台展示品。这是19世纪早期以来高精密工程的最佳代表之一。19世纪50年代，两名瑞典人——乔治·舒尔茨（1785—1873）和他的儿子爱德华——满怀雄心地制造了好几个版本的差分机。虽然舒尔茨所制造的差分机比巴贝奇的要小得多，可以放在桌面上，不需要占据整个房间，但从技术和数学角度来看，它们还是远逊于后者。最好的舒尔茨差分机只能以15位精度存储4个数字。1859年，舒尔茨卖了一台差分机给伦敦注册总署，但是它缺乏很多巴贝奇设想的安全特性，而且很难操作，常常发生故障。舒尔茨父子并未能如愿借差分机赚到大钱，反而破了产。

计算机发展史

西卡尔德计算器 **1623年**

加法器 **1642年**

雅卡尔提花织机 **1801年**

巴贝奇差分机1号 **1832年**

巴贝奇分析机 **1834年**

巴贝奇差分机2号 **1847年**

舒尔茨差分机 **1855年**

1791—1871

查尔斯·巴贝奇

解析

巴贝奇差分机（2号）

[A] 带数轮的柱子、扇形齿轮、进位杠杆的阵列

[B] 曲柄机构

[C] 曲轴

[A]

[B]

[C]

约瑟夫·克莱门特使用黄铜来制作每个组件，这对精度的要求很高。

巴贝奇的机器是19世纪初高精密工程的最佳代表。

差分机主要由三部分组成：第一部分包括携带数字（0—9，分为奇数和偶数）的齿轮阵列、扇形齿轮和进位杠杆。其余两部分则分别是手动曲柄以及“印刷机”。阵列按照从1到n的顺序进行标记，每列可以存储一个数字。第n列总是存储着一个常数，第一列则显示计算的值。给阵列设置好初始值后，其余的操作都是自动进行的。要完成一整组加法，需将曲柄转动4次，执行以下四步动作：第一步，所有偶数列与奇数列相加，然后偶数列归零。归零的同时，叶轮将它们的值传递到阵列之间的扇形齿轮上，与奇数列相加。如果有奇数列的结果为零，则进位杠杆激活。第二步，由于进位传递是由一系列旋臂完成的，因此扇形齿轮返回其原始位置，进而还原偶数列的值。第三步与第一步相似，不过是将奇数列与偶数列相加。扇形齿轮将阵列1的值传递给印刷机。第四步则与第二步相似，但还原的是奇数列的值。

主要特点：

印刷机

虽然被叫做“印刷机”，但在差分机中，这一部分的主要目的要形成印刷用的铅版，这样就不必手工排版，从而避免表格当中产生人为误差。该设备有一些非常复杂的功能，包括可变行高、可变列数量、可变列边距以及自动换行。机器采用油墨将结果印刷到纸上以验证其输出质量。

设计者:
艾萨克·梅里特·胜家

胜家“龟背”型缝纫机

生产商:
美国胜家公司

1856

艾萨克·梅里特·胜家

虽然艾萨克·梅里特·胜家并不是缝纫机的发明者，但他却是这个行业早期最优秀的营销家。随着第一台专门针对家用市场的缝纫机——“龟背”——的诞生，他带领胜家公司占据了行业的领先地位，并创造了美国的第一家跨国企业。

缝合起来

讲到本章的“龟背”缝纫机，我们将向大家介绍本书最富传奇色彩的人物之一——艾萨克·梅里特·胜家（1811—1875）。发明家往往都是些“怪人”，但他们的古怪之处通常只局限于各自的钻研领域。不过艾萨克·梅里特·胜家却是一个在各方面都非同一般的人物。先说他 6 英尺 4 英寸（约 1.93 米）的身高。按照维多利亚女王时代的标准，胜家可算是一个巨人，而且他还有着与自己巨大的身形相匹配的好胃口。虽然在哥哥的机械修理店学习技术，但是他却有着一个非常不寻常的抱负——当演员。1839 年，他卖掉了自己的第一个工程专利，成立了自己的巡演剧团——梅里特玩家剧团，并且一直坚持到他钱财用尽。胜家还是一个花花公子。他建立了 5 个所谓“家庭”，并且因重婚罪而被迫离开美国去英国定居。

在寻找其他发明来发财致富的过程中，胜家在 1851 年取得了自己的第一个缝纫机专利。然而在美国，缝纫机专利的所有者却是伊莱亚斯·豪（1819—1867）。他以专利侵权为由，将胜家以及其他厂商诉至法院，引发了“缝纫机之战”，并最终在 1856 年通过专利池“缝纫机联合体”达成和解。该专利池包括豪、胜家以及另外两家制造商。各方同意建立专利池，避免进一步卷入昂贵的诉讼当中。同一年，胜家推出了“龟背”型缝纫机。这是第一台针对家用市场研发的缝纫机，也是第一台采用脚踏板的缝纫机。踏板设计解放了使用者的双手。一开始，缝纫机的价格高达 100 美元，超出了大部分美国人的承受能力，但胜家设计出了一个分期付款的计划，客户只需支付 5 美元的首付就可以把缝纫机搬回家。尽管“龟背”缝纫机很快就被取代了，但它帮助胜家确立了行业领导者的地位。截至 19 世纪 70 年代，胜家的工厂遍布世界各地，跻身为美国首家跨国企业。

唯一能让女人安静的事情就是缝纫，而你竟想让它消失！

——艾萨克·胜家对合伙人如是评价自己的发明

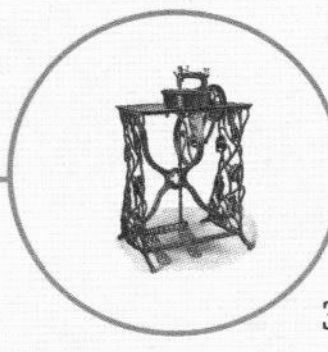

09

设计者：

伊桑巴德·金德姆·布鲁内尔

大东方号邮轮

工业

农业

媒体

交通运输

科学

计算机信息处理技术

能源

家用

生产商：
J. 斯考特·拉塞尔公司

此前所建造的船只中，从来没有一艘船能在尺寸或复杂性上媲美大东方号的分毫。不过尽管出自声誉卓越造船专家约翰·斯科特·拉塞尔之手，大东方号的建造却被委托给了一家传统造船厂。

——《布鲁内尔》（2006），R. 布坎南著

在大洋深处，号称“永不沉没”的船只的残骸散落四处。作为出自布鲁内尔之手的最大邮轮，虽然大东方号并没有遭此下场，然而这艘本应成为他职业生涯最高成就的巨轮却几乎从设计开始就一直备受各种问题和事故的困扰。尽管如此，大东方号所采用的双层船体和动力舵机为之后的班轮制造确立了标准。而且她巨大的身躯也使其成功完成了跨大西洋海底电缆的首次铺设任务。

伊桑巴德·金德姆·布鲁内尔

“大宝贝”

1912年，巨型邮轮泰坦尼克号在处女航中不幸沉没。只要提起它的名字，人们便会联想到那些不幸的客运班轮。它们总是被设计师自诩为世界上最大的“永不沉没”的轮船，然而也许人类这种狂妄自大的行为特别容易惹怒海神波塞冬，它们最终都沉入了海底。幸运的是，大东方号尽管从设计阶段到它短暂的客运班轮的生涯结束就一直被各种问题所困扰，却并没有在她的处女航中沉没。不过1859年，她首次下海时，船上锅炉爆炸造成了5名司炉工丧命，并伤及多人。而在她1862年横穿大西洋的行程即将结束时，其外层船体又被长岛附近的岩石撞出了一条巨大的裂缝，这条裂缝要比造成泰坦尼克号沉没的裂口足足大上60倍。不同于命运悲惨的泰坦尼克号，被设计师伊桑巴德·金德姆·布鲁内尔（1806—1859）亲切称作“大宝贝”的大东方号仍然浮在海面上，并依靠自己的蒸汽机驶到了纽约港进行维修。而这一切都要归功于它独特的双船体结构。

大东方号是19世纪最有雄心的轮船项目。在长达40年的时间里，她一直保持着世界最大轮船的纪录，同时，她也是20世纪早期以前排水量最大的船舶。从大东方号的模型可以看出这艘船是一个奇怪的混合体，身上混合了各种不同的航海技术。她有6根装帆的桅杆，还给驱动两个巨型桨轮和一个螺旋桨的蒸汽机配备了烟道。出于可远洋航行至印度和澳大利亚的目的，船上还设有货舱以及奢华的客运设施，而且不必中途补充燃料。然而，由于资方破产以及其他事故，大东方号被安排到了跨大西洋航线上。可作为班轮的大东方号并未能创造利润，因此1856年，她又被安排去铺设跨大西洋海底电缆，这项工程一直持续到1878年。此后10年，她在英国被当成了一艘演艺船兼旅游景点，并最终被拆解成为一堆废铁。

戴大礼帽的男人

布鲁内尔与蒸汽时代早期的先驱乔治·史蒂文森（1781—1848）不同，他受到了优良的教育。沾了父亲是法国人的光，他先后在英法两国求学，之后又成为法国顶尖钟表匠的学徒。不过他也像史蒂文森一样是因为铁路而名留青史。他建造了当时的工程学奇迹——从伦敦到布里斯托尔的大西部铁路。这条铁路囊括了包括克利夫顿吊桥在内的英国某些最具创新性的隧道和桥梁。然而总是头戴一顶标志性大礼帽的布鲁内尔并不认为客运服务应该止于大西部铁路的终点站布里斯托尔港口。于是，他设想了一种服务，乘客在伦敦帕丁顿车站上车前往布里斯托尔，然后再乘坐蒸汽轮船抵达正在蓬勃发展的美洲新世界，那里正接纳着数以万计的欧洲移民。

大东方号是布鲁内尔设计和建造的第三大蒸汽轮船，也是最能体现他雄心壮志的一艘船。1838年，他的大西方号下水。该船为蒸汽机船，长252英尺（约77米），采用木制船体和明轮，专为跨大西洋航线设计。他设计的第二艘船——大不列颠号——长达322英尺（约101米），于1843年完成了她的处女航，这是第一艘结合了铁制船体和螺旋桨的轮船。虽然作为班轮来说，体型更为巨大的大东方号不算很成功，但是她确立了此后几十年客运班轮的建造标准。

蒸汽轮船发展史

派罗斯卡夫号	1783年
彗星号	1812年
萨凡纳号	1819年
詹姆斯·瓦特号	1820年
大西方号	1837年
大不列颠号	1843年
大东方号	1858年

大东方号的表现从未达到布鲁内尔对她的设想。

大东方号

大东方号船长692英尺（约211米），是大不列颠号的两倍多，但是比882英尺（约269米）长的泰坦尼克号要短190英尺（约58米）。大东方号宽82英尺（约25米），排水量为32160吨，其动力源自5台蒸汽机。这其中，有4台驱动56英尺（约17米）的桨轮，1台则用于24英尺（约7.3米）的螺旋桨。这种驱动组合为她带来了最高14节（相当于16英里/小时即26公里/小时）的航速。此外，她还配有6根桅杆悬挂风帆。不过在实际操作中，这些桅杆是无法使用的，因为从烟道排出的热废气会引燃帆布。大东方号可搭载4000名乘客（泰坦尼克号则仅可搭载2453名乘客）以及418名船员。她所携带的煤炭燃料足以满足从英国到澳大利亚往返一趟的需要。此外，她还配备了大型货舱便于货运。从技术上来讲，大东方号有两项主要创新。一是动力舵机，因为按照她的尺寸，不可能实现手动掌舵；另一个则是双层船体，使得她在美国海岸船体遭遇穿洞时能免于沉没。

主要特点:

双层船体

大东方号采用了革命性的双层船体结构，一个套在另一个外面，中间有着 2 英尺 10 英寸（约 86 厘米）的窄小的空间，并且每隔 6 英尺（约 183 厘米）都有坚固的支撑。船体采用了 3/4 英寸（约 19 毫米）厚的标准钢板，使用标准尺寸的铆钉连接而成。这是标准化部件第一次应用于规模如此巨大的工程项目。

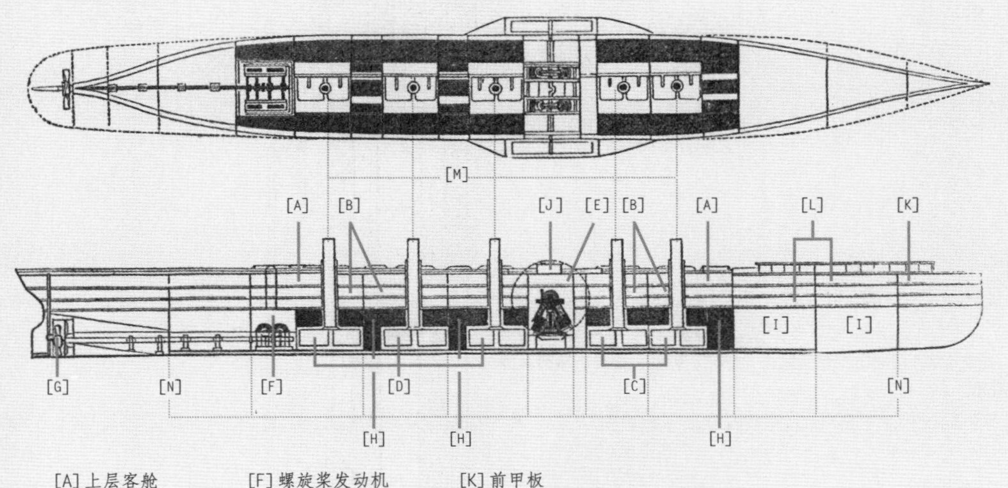

[A] 上层客舱
[B] 主舱
[C] 明轮发动机锅炉
[D] 螺旋发动机锅炉
[E] 明轮发动机
[F] 螺旋桨发动机
[G] 螺旋桨
[H] 煤
[I] 货物储藏空间
[J] 船长室
[K] 前甲板
[L] 船员休息室
[M] 烟道
[N] 横舱壁

10

设计者：

约翰·卫斯理·凯悦

海特填充机

生产商：
赛璐珞制造公司

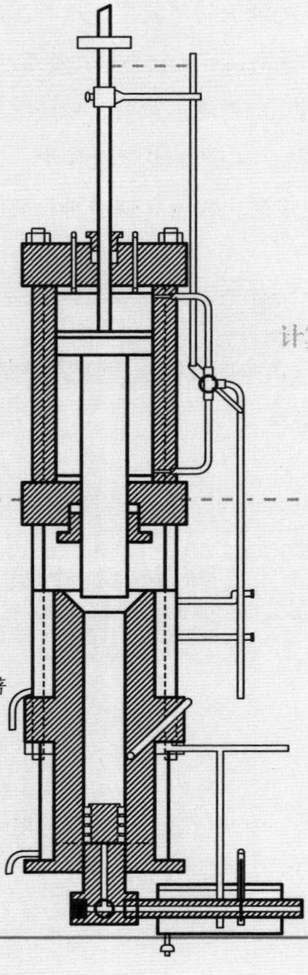

工业
农业
媒体
交通运输
科学
计算机信息处理技术
能源
家用

（赛璐珞的）应用范围包括梳子、假牙、刀柄、玩具、眼镜架等日常用品。

——《高分子科学及工程概要》（2009），P. 佩因特、M. 科尔曼著

1872

随着海特兄弟取得“填充机”和“赛璐珞”这两种产品的专利，他们也创立了在20世纪改变了世界的塑料行业。

赛璐珞挽救大象

19世纪中期，人们对象牙的需求量非常大，很多东西如台球，以及纽扣、刀柄、钢琴键、假牙、扇骨、衣领内衬等小物件都要用到象牙，以至于连数量众多的非洲象都受到了物种灭绝的威胁。象牙的短缺严重影响了美国台球生产商费兰柯兰德，他们决定提供10000美元的奖金，奖励能生产出象牙替代品的人。于是发明家约翰·卫斯理·海特（1813—1890）开始利用有史以来首种人工塑料帕克赛恩进行试验。1962年，英国发明家亚历山大·帕克斯（1813—1890）发明了帕克赛恩，并曾在19世纪60年代试图实现帕克赛恩的商品化，却宣告失败。而他的一个合伙人丹尼尔·斯比尔（1832—1887）则在1869年取得了成功，他对塑料进行了改进并将其命名为“赛罗耐特”（即硝酸纤维素塑料）。1870年，约翰·海特与弟弟艾赛亚研制出了自己版本的帕克赛恩，并称其为“赛璐珞”。正如19世纪的发明经常发生的情况一样，竞争对手提出了法律权利要求，导致各方涉入了旷日持久的专利侵权诉讼。最终法院裁定帕克斯为帕克赛恩的第一发明人。

赛璐珞现在已经永远地与电影工业联系在了一起，但这种硝化纤维和樟脑的化合物曾是世界上第一种成功实现商业化的塑料。海特兄弟没有去领取那10000美元的奖金，而是成立了自己的公司来生产台球和其他原来都是用动物角或者象牙等天然材料生产的产品。海特兄弟成功的真正秘诀并不仅仅在于他们对赛璐珞的开发，还在于他们发明的史上第一台注塑机。当时，这台机器被称为“填充机”，是以金属压铸机为基础制造的，可以生产赛璐珞棒或片材。然后这些材料可以再加工成成品。填充机在1872年获得了专利。海特兄弟在机筒里增加了一根芯轴以改善导热系数熔化赛璐珞，然后用一个活塞装置将熔化的赛璐珞注射进一个水冷的模具中。

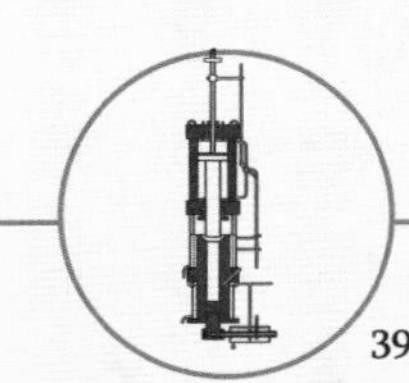

11

设计者：

齐纳布·格拉姆

格拉姆发电机

生产商：
齐纳布·格拉姆

工业
农业
媒体
交通运输
科学
计算机信息处理技术
能源
家用

格拉姆展示了一个集成系统。这是一个完整的电气世界的缩影，其中包含一个以蒸汽为动力的直流发电机，这个发电机为电机电镀以及电力照明提供电流。

——《电力之争》（2008），M.希弗著

1873

格拉姆发电机是第一台具备商业可行性的直流发电机。以机械蒸汽能和煤气照明为标志的第一次工业革命由此开始进入以电力为动力和照明的第二次工业革命转型时代。

给世界通电

在希腊语中，词语“elektron”意为“琥珀”。因为摩擦琥珀可以产生静电，因此成为英语中“电”一词的词源。虽然“电”这个词直到公元1600年的时候才出现，但古人是了解电的存在的。尽管如此，人们对这一现象一直知之甚少。直到19世纪几名科学家有了新发现后，这种情形才有所改观。这些科学家中最著名的便是汉斯·奥斯特（1777—1851）和迈克尔·法拉第（1791—1867）。随着对电的深入了解，人们开始尝试实现电力的商业化，将其作为工业和家庭所需动力及照明的来源。一开始，人们发电使用的是以蒸汽为动力的磁力电机和直流发电机，但是由于设计不当，其电力输出性能很差，而且时断时续。19世纪70年代初，比利时发明家格拉姆（1826—1901）设计并制造出了一种效率很高的直流发电机。他制作了两种以蒸汽为动力的模型：一种是供电镀使用的低压一马力机器，另一种则是供照明使用的高压四马力直流发电机。这二者的表现完胜体积大效率低的蒸汽动力发电机。

1873年，格拉姆带着他的直流发电机参加了维也纳的工业展览会。会展期间，他的助手无意间将两台发电机输出线连在了一起。随着蒸汽机开始驱动第一台直流发电机，第二台直流发电机的电枢也高速运转了起来。格拉姆意识到这第二台直流发电机已经变成了一台动力强劲的电动机，其性能超越了当时的所有设备。于是他立刻想出一个办法利用这个巧妙的意外来吸引展会的观众。他将两台间隔1英里（约1.6公里）远的直流发电机连接起来，用“电动机”抽水形成一个小瀑布。通过这个简单的展示，格拉姆演示了两条即将改变世界的原则。首先，通过一些改进，他的直流发电机可以变成电动机驱动工业机械。第二，也是更重要的一点，他向世人展示出，某地产生的机械能可以通过直流发电机转化成电力，并通过电线的长距离传输，在另一端通过电动机被还原为机械能。

12

设计者：

奥特玛·默根特勒

莱诺排字机

生产商：
默根特勒·莱诺公司

工业
农业
媒体
交通运输
科学
计算机信息处理技术
能源
家用

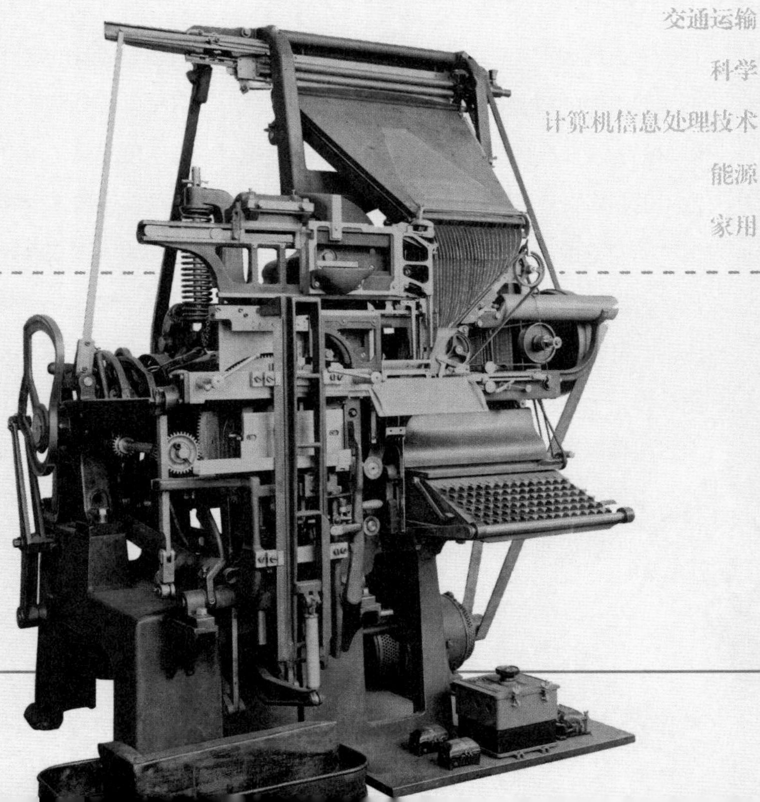

1884

15 世纪欧洲发明活字印刷术后，整个世界足足等待了四个世纪的时间才再次迎来排版业的革命——默根特勒·莱诺排字机。它加快了书籍和报纸的生产速度，大幅削减了生产成本，使更多读者可以阅读到印刷品。

留下印痕

今天，我们已经习惯于将文字直接输入到电脑中，显示在屏幕上，敲几下键盘来调整其字体、大小、粗体、斜体、字间距以及对齐方式，然后把文档发送到打印机上就可以完美地——至少是理论上——把它打印出来了。而在六个世纪以前的欧洲，印刷工却要辛苦地将整页文字都雕刻到木版上才行。尽管中国人早在此前几个世纪就发明出了活字印刷，但这一切却一直等到 15 世纪德国印刷工人约翰内斯·古登堡（约 1398—1468）首次在欧洲创造出活字印刷术才得以改观。

古登堡的系统使得多页的文本可以采用一个个雕刻在小铅块上的可更换字符组合而成。尽管相比木版印刷已经迈进了一大步，但是印刷书籍、杂志和报纸的过程仍然十分费时，需要几十个熟练的排字工人进行排字。虽然此时的书籍与之前相比已是广泛普及，但是由于成本仍然相对高昂，还是超出了大部分人承受能力。同时，报纸的篇幅也被限制在八版以内。简而言之，排字技术高昂的成本和缺陷仍然在阻碍着知识与信息的传播。

在 19 世纪许多独裁政权眼中，这实际上是一种理想状态。因为愚民要比那些受过教育、见多识广的民众更容易控制。然而，发端于 19 世纪后期的第二次工业革命却通过以无线电报、打字机、电话为首的新媒体与通信技术的发明令世界发生了天翻地覆的变化。尽管如此，印刷媒体仍然是当时以及此后几十年里人们接受教育以及获取资讯的主要途径。此时，排版技术再度发展的时机已经成熟。

古登堡第二

19 世纪，一位发明家革命性地改变了印刷排版行业，为自己赢得了“古登堡第二”的美誉。这位发明家与今天的大多数发明家不同，既不是麻省理工学院或者剑桥大学的研究生，也不是大型跨国企业的研究人员。他只是一个遵从灵感的业余发明家，有了好想法并找到了切实可行的方法去实现它。奥特玛·默根特勒（1854—1899）出身德国教师家庭，在家中排行老三，曾在家乡德国一名钟表匠那里当学徒工。18 岁时，他就像之前以及后来诸多因为经济原因而移民的人一样，来到了美国，希望找到比在家乡更光明的前途，实现自己的“美国梦”。

1876 年，詹姆斯·O. 克利夫尼（1842—1910）和查尔斯·T. 摩尔（1847—1910）带着一份排字机设计找到了时年 22 岁的默根特勒。当时，默根特勒是马里兰州巴尔的摩市一名科学仪表公司的合伙人。克利夫尼和摩尔两人希望能找到一种方法，提高法庭报告的印刷速度。他们的设计是以几年前已在美国成功实现商用的安德伍德打字机为基础，但他们的机器仍有很多设计缺陷，所使用的纸型模具无法制出清楚的印版。

他们询问默根特勒是否有办法实现这个设计。在接下来的 8 年里，默根特勒几次彻底推翻了克里夫尼和摩尔的原型机设计，最终制造出自己的第一台机器。这台机器改进了打字机键盘，并将其与热金属铸字功能相结合，可以铸造出整行文字。1884 年，默根特勒为这项发明申请了专利，并于 1886 年 7 月在《纽约论坛报》的编辑怀特·罗里德（1837—1912）面前进行了第一次商用演示。对此，罗里德感慨道：“奥特玛，你再次做到了！实现了整行印刷！”从此这台机器根据整行印刷的英语谐音有了自己的名字：莱诺排字机。

只需一个人，一次操作，本世纪最大的奇迹为您将字符的铸造、排版与自动拆版结合为一体。

——默根特勒·莱诺公司的宣传材料（1895）

奥特玛·默根特勒 1854–1899

莱诺排字机将本来需要熟练排字工的工作自动化，大大降低了印刷品的成本。

教科书和小报

默根特勒的机器高 7 英尺（约 2.1 米），宽 6 英尺（约 1.8 米），看起来有点像一台巨型打字机，但它的产物可并不止于印在纸张上的文字那么简单。19 世纪末，莱诺排字机引发了一场革命，而今天的大众传媒文化在很大程度上来说就是这场革命的产物。默根特勒曾经抱怨过他小时候在家乡德国教科书非常短缺，而他的发明所带来的一大福利就是使人们可以更容易地获得教科书，这改变了全世界的教育，使之变得标准化。当然，书籍成本的下降所惠及的并不仅仅是教育，普通读者也得以接触到小说和非小说类读物。这其中既包括伟大的世界文学作品，也包括一些廉价的恐怖故事杂志或者低俗小说，还包括科学、工程、政治以及经济方面的书籍，这一切刺激了 20 世纪的技术及思想革命的发生。莱诺排字机还意外造成了大西洋两岸通俗小报的增加。不知道默根特勒要是发现自己的发明被用来印制英国《世界新闻报》以及美国《国家询问报》上的低俗故事时会作何感想。

印刷及排版发展史

雕版印刷术	公元 200 年
活字印刷式（中国）	1040 年
活字印刷书（欧洲）	1454 年
蚀刻印刷术	约 1500 年
平版印刷术	1796 年
轮转印刷机	1843 年
胶版印刷术	1875 年
莱诺排字机	1884 年
照相排版	20 世纪 60 年代
数字印刷	1993 年

解析

莱诺排字机

[A] 键盘
[B] 字模盒
[C] 汇编器
[D] 铸字机构
[E] 自动拆版机

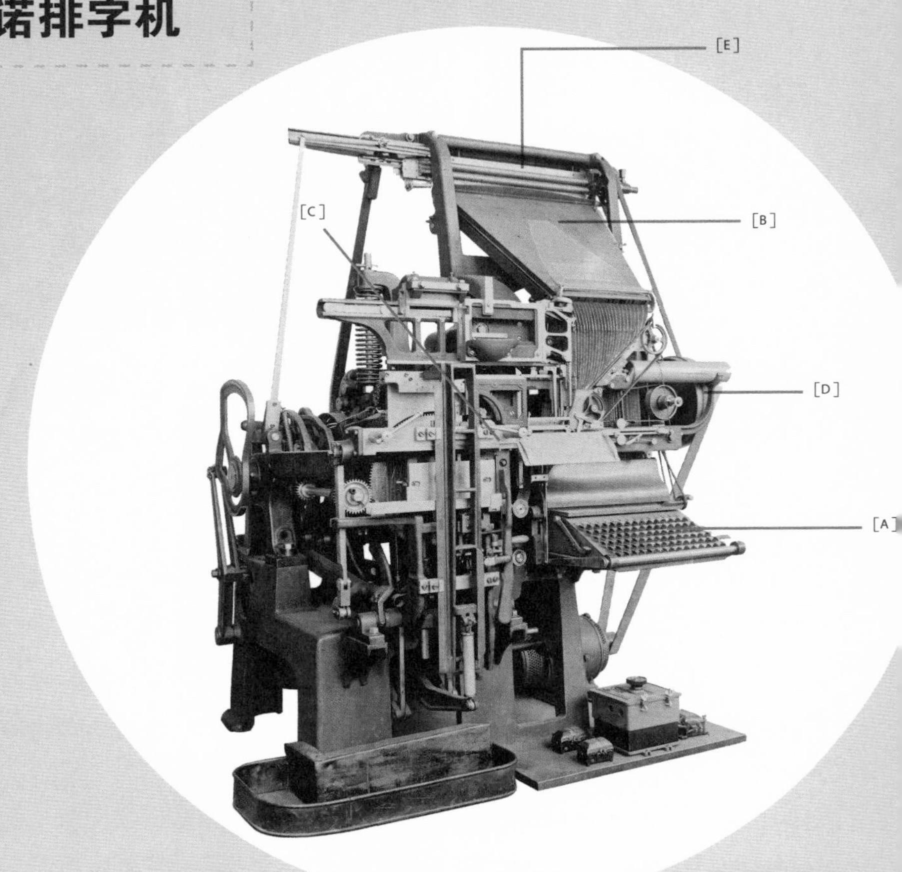

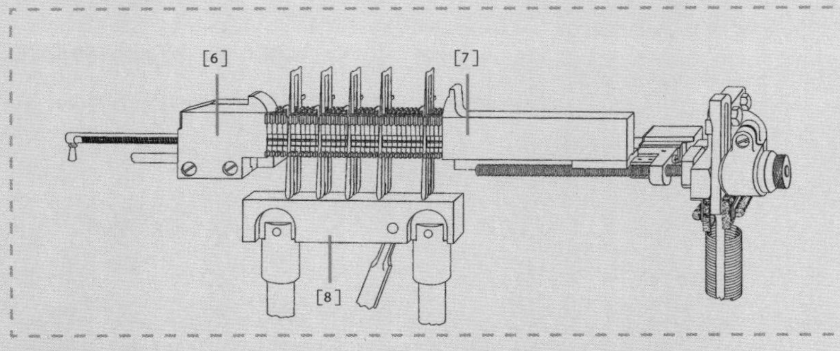

整版过程示意图。将多个字行固定在台钳钳口[6]和[7]之间。然后整版塞条[8]向上移动，使齐行楔扩张，填充台钳钳口之间多余的空间。

莱诺排字机由键盘、字模盒、汇编机、铸字机构以及自动拆版机5个主要部分组成。键盘包含90个按键，被分为三个部分——黑色的小写字母、白色的大写字母以及蓝色的数字、标点符号和其他字符。与现代计算机的QWERY标准英文键盘不同，字符的排列顺序以其使用频率为准。键盘上还设有齐行楔控制杆，相当于现代键盘上的空格键。

键盘上方可设置最多4个字模盒，每个字模盒都存储着一种字体，盒中装有字模。每个字模都以正体和斜体的形式储存着一个字符的某种字体和尺寸。操作员可以在不同的字模盒之间切换，在同一行文字中实现不同字体的组合。他每在键盘上敲击一个字符，相应的字模便通过一个通道从字模盒进入汇编器。每完成一整行文字的编排，操作者便拉动控制杆将其送入铸字机构。铸字机构用铅、锡和锑的合金铸出一条一体式文字铸件，又称“铅条”。这种铅条连续使用30万次以上才会出现缺陷，出现缺陷后就需要重新进行铸造。

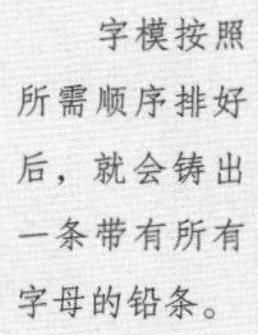

字模按照所需顺序排好后，就会铸出一条带有所有字母的铅条。

右图：堆放在一起的莱诺排字机字模。

主要特征：

自动拆板机制

自动拆板机制是莱诺排字机最节约劳动力的特点之一。该机制负责将字模和齐行楔送回各自的存储区域。其实现方式是通过在字模顶部刻出不同的齿形，以区别不同的字符，从而对其进行正确的分类，供操作人员排下一行字时使用。

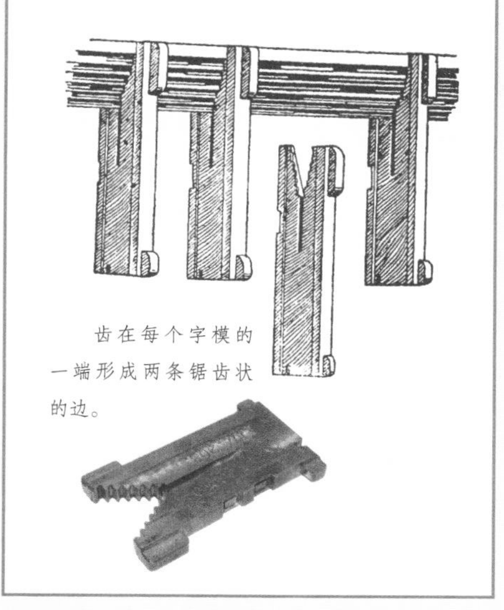

齿在每个字模的一端形成两条锯齿状的边。

13

设计者：

查尔斯·帕森斯

帕森斯汽轮机

生产商：
C.A. 帕森斯有限公司

1884

通过大胆炫技，与军舰竞速，查尔斯·帕森斯向世人证明，他的汽轮机可以打败任何一艘配备传统蒸汽发动机的船。不过，汽轮机的真正意义并不在于它能使船舶的速度更快，而在于它能以更低的成本大幅增加电力供应。

闯入维多利亚女王登基60周年大典的“不速之客”

1897年，维多利亚女王（1819—1901）为了庆祝登基60周年，在英国南部海岸的斯皮特黑德对当时世界上实力最强、规模最大的英国皇家海军舰队进行了海上大阅兵。在女王、威尔士王子以及一众政府和海军高官的注视下，小艇“透平尼亚”号迅速冲入巨型军舰组成的舰队之中。它不费吹灰之力就躲开其他舰艇的拦截，将它们远远地甩在身后。以今天的标准，出于对恐怖主义的担忧，这种“不速之客”一定会被打成碎片。但在那个社会相对更加安定的时代，“透平尼亚”号这一哗然之举使得它的制造者查尔斯·帕森斯（1854—1931）得以向世人证明，他的船用汽轮机有着远超传统往复式蒸汽机的优越性。

蒸汽涡轮机并不是什么全新的想法，但之前一直都被认为不可行。蒸汽动力之父詹姆斯·瓦特（1736—1819）就认为蒸汽以1700英里（约2736公里）的时速通过发动机会造成巨大的离心力，因而汽轮机是造不出来的。但帕森斯通过分级设计来减少并控制蒸汽的通过速度，解决了这个问题，并于1884年取得了该解决方案的专利。他还利用蒸汽离开涡轮段时产生的无功功率来驱动涡轮叶片。这种涡轮机比传统的活塞式蒸汽机效率更高，彻底改变了发电。在此之前，直流发电机的转速一般在每分钟1000到1500转之间。但帕森斯意识到自己的涡轮机可以使转速达到前所未闻的18000转。他开始生产自己的涡轮发电机，将其安装在不列颠群岛各地，进而把它推广到了全世界。1923年，他成功中标世界最大发电厂的合同，为芝加哥提供50000千瓦的电力。

在我看来，要想将涡轮发动机作为一种普遍被接受的原动机，适当的表面流速和旋转速度是至关重要的。

——1911年，查尔斯·帕森斯在一次演讲中如是说

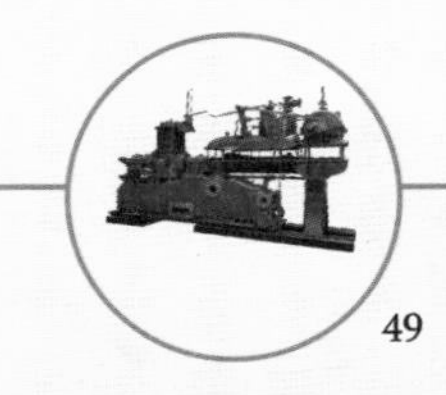

14

设计者：

约翰·坎普·斯塔利

“罗孚”安全自行车

工业

农业

媒体

交通运输

科学

计算机信息处理技术

能源

家用

生产商：
斯塔利 & 萨顿有限公司

1885

尽管自行车早在19世纪早期就已问世，但是直到19世纪晚期它才开始给社会带来深刻的改变。“罗孚”安全自行车不仅为人们的通勤和休闲活动提供了一种物美价廉的交通工具，在早期女权运动期间，它还在妇女解放运动当中扮演了重要的角色。

木马

现代自行车的历史始于拿破仑战争（1803—1815）之后出现的“脚蹬两轮车”。这种车为木质结构，上面装有两个轮子，需要骑车人用脚蹬地，推动车子前进。它很难控制方向，并且由于轮子是金属的，所以在石子或者土路上骑行时非常颠簸。人们一开始认为这种两轮车是马的替代品，不过在欧洲，骑兵并未放弃骑马，这些车子一般都是那些在伦敦和巴黎追逐流行的青年在骑，所以它又被人们叫做“花花公子的马”。在接下来的68年里，人们对自行车进行了各种奇怪的改装。比如增加车轮，把它发展成了三轮车和四轮车。或者使用不同的动力传递方式，如在前轮曲柄和踏板上安装脚蹬。

以现代的标准，最奇怪的自行车莫过于出现在19世纪七八十年代的“普通自行车”。不过由于其超大的前轮，它的另一个名字——“大小轮脚踏车”——则更为人所熟知。这种大小轮脚踏车骑起来危险性颇高，并且不容易转向，但是比起脚蹬两轮车，它的大轮子速度更快，而且走在石子或者土路上也更舒适。但是除了胆量过人而且身体健康的人之外，这种自行车并不是人人都能骑。1885年，当英国自行车制造商约翰·坎普·斯塔利（1854—1901）将“罗孚”推向市场时，他采用了类似以前两轮脚踏车和“老爷车”的自行车设计。骑手的活动范围再次回到地面，可以更容易也更安全地保持平衡、转向以及上下车，因此这种自行车被人们称为“安全自行车”。尽管“罗孚”一开始要比大小轮脚踏车更贵，车体也更沉，并且没有后者舒适，但它诞生的可谓独具天时。充气轮胎的发明使得它骑起来更平稳，因此不到十年，它迅速成为世界自行车的标准设计。

比任何三轮车都安全，有史以来速度最快，最易骑行的自行车。带有转向把手，方便存储或运输。市售最佳爬坡工具。

——1885年罗孚安全自行车的广告文案

“就像自行车之于鱼儿”

安全自行车的发明使得女权主义者提出了一个口号——“男人之于女人，就像自行车之于鱼儿”。然而颇具有讽刺意味的是，安全自行车其实在妇女解放以及19世纪晚期的“新女性”运动领域扮演了很重要的角色。尽管女性曾骑上过三轮车和四轮车，可是在维多利亚时代，端庄的着装要求使得她们完全无法骑上大小轮脚踏车。可是对于安全自行车来说，女性即使身穿拖地长裙也毫无障碍。自行车给女性带来了前所未有的自由、独立和自主。因此，当她们骑着自行车来到街上，女性争取政治和社会解放的长期斗争也开始了。

这种新女性最著名的代表是安妮·科普车夫斯基（1870—1947）。1895年，她以安妮伦敦德里（她的商业赞助商）的名义花费了15个月的时间完成整个行程，成为第一名骑自行车环游世界的女性。除了骑自行车环游世界的壮举之外，她更令当时世人震惊的一点是她在骑行过程中大部分时间都穿着各式各样的骑车专用的“灯笼裤”。尽管灯笼裤对于女性魅力与曲线的展现就好像男人的工装裤一般几近毫无效果，不过它还是能使穿着者露出腿部，这使安妮成了她那个时代的嘎嘎小姐（Lady Gaga）。

骑行者坐在罗孚自行车上可以够到地面，因而被称为“安全自行车”。

自行车发展史

- 脚蹬两轮车 **1817年**
- 脚踏板两轮车 **1839年**
- 四轮车 **1853年**
- 老爷车 **1863年**
- 大小轮脚踏车 **1869年**
- 罗孚安全自行车 **1885年**

图中为1880年的“大小轮脚踏车”和1886年的“安全自行车”。

解析

“罗孚”安全自行车

[A] 可转向前轮
[B] 菱形构架
[C] 链条与链环
[D] 后轮链轮齿
[E] 可调式车把
[F] 可调式座椅

主要特征：

车轮

我们可以轻易看出，使用链条和脚蹬驱动两个尺寸相同的车轮是一种最安全也最有效的自行车配置。但是以斯塔利为代表的自行车制造商却花费了近半个世纪的时间，才重拾脚蹬两轮车式两车轮大小相同的设计。

虽然“罗孚”自行车没有一个部件是完全原创的，但斯塔利通过把它们在同一个设计中组合起来创造了现代自行车，其基本形式和主要特点自1885年以来几乎没有发生任何变化。菱形构架是当今自行车的一个标准特征。自从出现了充气轮胎，这种构架就被认为是一种最牢固也最舒适的自行车配置。两个车轮的大小也几乎没变（“罗孚”自行车的前轮稍大）。车把的设置角度使得自行车转向更容易控制。大小轮脚踏车通过前轮曲柄上的踏板驱动，但这样很难同时实现车辆的转向和骑行。“罗孚”自行车则将链条与后轮相连接，通过脚蹬的踩踏转动实现驱动，取代了大小轮脚踏车前轮曲柄上的踏板。

15

设计者：

尼古拉·特斯拉

西屋交流电系统

工业

农业

媒体

交通运输

科学

计算机信息处理技术

能源

家用

生产商：
西屋电气公司

交流电的一大卖点就是它可以实现电力的远距离传输，而爱迪生的直流电系统则不可以。

——《电力之争》（2008），M.希弗著

1887

尼古拉·特斯拉

19 世纪 90 年代，西屋电气的交流电系统和爱迪生的直流电系统一直为能取得世界电力生产和供应行业的主导地位而进行着大规模竞争。尽管爱迪生非常擅长市场营销和广告宣传，而且还用交流电杀死了一头大象，但最终还是败给了交流电系统。

电死小飞象

交流电系统和直流电系统之间曾发生过一场“电流战争”。而在这场“战争”当中，给大象托西执行死刑可以说是最没有教育意义的事件之一。托西是一头 28 岁的大象，来自纽约科尼岛。它将 3 个人踩踏致死，不过其中有一个死者把点燃的香烟喂给托西吃，也算是罪有应得。尽管人们也考虑过把托西绞死，然而托马斯·爱迪生（1847—1931）却建议用对手乔治·威斯汀豪斯（“西屋”一词的音译，1846—1914）所支持的交流电把托西电死。作为直流电系统在美国的主要倡导者和传播者，爱迪生企图通过这件事使交流电污名化，他甚至还过分地将“处以电刑”称为“被西屋了”。 在托西事件发生十年前的 1890 年，纽约首次采用电椅执行死刑，爱迪生就通过让电椅使用交流电在舆论上赢得了很大的胜利。1903 年 1 月 4 日，为防出现意外，人们先给托西喂下了 16 盎司（约 454 克）的氰化物，然后给它接通了 6600 伏高压的电流。爱迪生给该事件录制的影像资料（互联网上可以找到该资源）显示，大象托西几乎是在一瞬间就没了生气，但愿它也没有遭受痛苦。

世界各地都放映了这段短片，就好像 20 世纪早期版的病毒传播式影像。但到 19 世纪 90 年代后期，世界主要工业国家都在为交流电系统进行大规模投资，爱迪生和他的直流电系统还是彻底输掉了这场电流战争。塞尔维亚工程师尼古拉·特斯拉（1856—1943）尽管举止怪异，但才华横溢，他为西屋电气公司设计的交流电系统比竞争对手爱迪生所推广的直流电系统在通用性、效率和经济性方面有着更为优异的表现。特斯拉曾经为爱迪生工作过，但是年长的爱迪生很快摒弃了特斯拉有关交流发电和传输的方案。据说这是因为内爱迪生没有掌握足够的数学知识来充分了解交流系统的原理。因此，这场电流战争牵扯的不仅仅是两种技术，还有双方带头人——爱迪生和西屋电气的特斯拉。他们抓住一切机会在媒体面前打压对方。

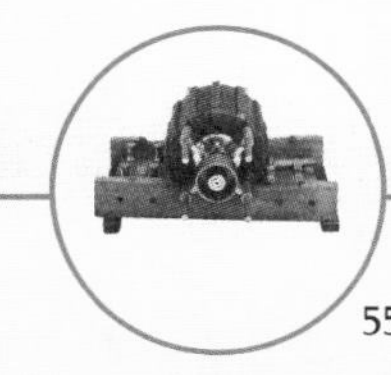

设计者：

爱米尔·贝利纳

贝利纳留声机

工业

农业

媒体

交通运输

科学

计算机信息处理技术

能源

家用

生产商：
贝利纳留声机有限公司

1887

埃米尔·贝利纳

虽然唱筒式留声机比唱盘式留声机和唱片的问世时间早了十多年，在唱片业首次格式之争中获胜的却是唱盘式留声机。现在，唱筒式留声机已经化身为古董，但对于黑胶唱片爱好者来说，它依然代表着声音还原方式的巅峰。

19 世纪的音乐格式之争

近几十年来，我们已经习惯各种录音格式你方唱罢我登场。笔者是听着最古老的 45 转以及密纹黑胶唱片长大的，曾见识过后来的 78 转黑胶唱片、卷带式磁带、盒式录音带、8 音轨磁带、光盘（CD）、数据流格式数字音频磁带（DAT）和迷你光碟（MD）。尽管每种格式都曾被誉为声音还原的终极解决方案，但在在线数字格式的冲击下，它们都已成为明日黄花。1888 年，爱米尔·柏林（1851—1929）发明了传统的留声机唱片，并在一年后首度将其推向市场。这种唱片风靡世界七十多年，而磁带和光盘格式则在之后各领风骚几十年。不过在录音行业形成之初，人们也曾看到各种录音格式以类似的方式不断涌现。在 19 世纪后期，唱筒式留声机与唱盘式留声机之争就相当于后来的黑胶唱片与 CD 之争。最后，唱片脱颖而出，成为录音行业的共同标准。

每个小学生都知道，“留声机”是大发明家托马斯·爱迪生（1847—1931）在 1877 年发明的。不过，历史的真相实际上要比这复杂一点。在爱迪生之前，已经至少有两位发明家成功实现了对声音的录制，但还无法实现回放。而爱迪生则以他一贯的商业嗅觉，首先注册了专利并将成品打入市场。他的留声机既能录音又可以回放，使用的不是唱片，而是圆筒。一开始，圆筒是用脆弱的锡纸制成的，后来则被蜡筒所替代。在稳定回放速度方面，唱筒式留声机颇具优势，因此一直到 1929 年以前，人们都能在市场上看到它的身影。1929 年，爱迪生终于退出了留声机市场，承认了唱片的胜利。他发明留声机 10 年后，爱米尔·贝利纳为自己的留声机取得了专利。他的留声机一开始也是唱筒式的，但他很快就放弃了筒式设计，制作出了自己的第一张唱片。

“返回主菜单，请按 1”

留声机的发明要归功于电话，因为爱迪生的本意是寻找一种方法来录制并回放电话留言。而如果他能成功实现这一点，我们就可以提前一个世纪享受到拥有自动答录电话的喜悦，或者更确切地说，折磨。幸运的是，当时的录音技术并没有得到充分的发展，人类直到 20 世纪才用上自动答录电话。贝利纳对电话也非常有兴趣。他和莱诺排字机的发明人相似，同样也是为了寻找更多的机会，以及避免在家乡德国汉诺威被卷入普法战争（1870—1871）而从欧洲移民到了美国。

19 岁那年，贝利纳兜里只装了几块钱就坐船来到了美国。像其他很多移民一样，贝利纳对这个新家园充满了希望，满怀对未来的壮志，工作勤奋努力，但他 14 岁就在汉诺威辍了学，因此没有什么学历。一开始，贝利纳落脚在华盛顿，在一家绸布店工作。但出于对“电子”技术的兴趣，他 1873 年开始在纽约库珀学院的夜校学习物理学和电气工程。1877 年，他被贝尔电话公司招聘，并获得了自己第一项专利——一种电话送话器。这个送话器本质上来说可以算是有史以来第一个“麦克风”。

托马斯·爱迪生输掉了第一场“格式之争”。

虽然唱筒式留声机从技术角度来说更为先进，但还是败给了唱盘式设计。

声音通过薄膜扬声器传到喇叭。

让音乐在唱纹上流淌

在技术格式之争中，最好的技术并不一定能笑到最后。在消费者眼中，产品的价格、制造的便捷性、设计以及市场营销等诸多因素可能要远比技术领先更为重要。稍后在录像机一章我们也将看到类似的情形。在声音的录制和复制方面，唱片并不比唱筒有什么先天优势。恰恰相反，唱筒具有恒定线性速度，而唱针在接近唱片中心时，速度则会下降。从技术角度来看，其实前者更有优势。此外，爱迪生留声机的表现在各个方面都要优于贝利纳的第一台唱片机。它不仅能更好地再现声音，还可以回放和录音，而且通过一种特

（贝利纳）开始使用唱盘进行试验。这样声音可以不用垂直刻录在唱筒上，而是横向刻录在唱盘上。随着试验的深入，他很快制造出了光刻唱片，可以通过唱针和膜式扬声器来实现声音的回放。

——《广告牌》杂志，1973年9月15日

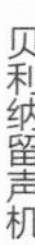

殊的设备将唱筒表面的蜡刮掉就可以实现机器的反复使用。然而，通过压制技术，唱片更易于大批量生产，成本也更低。而且它还有着比唱筒更加易于存储和运输的优点。贝利纳首批唱片的直径分别是 5 英寸和 7 英寸（约 12.7 厘米和约 17.8 厘米），单面刻录。20 世纪初，他的唱片演变为双面 10 英寸（约 25.4 厘米）78 转的标准唱片。

录音发展史

- **1857 年** 声波振记器
- **1877 年** 古音留声机
- **1877 年** 唱筒式留声机
- **1881 年** 格拉福风留声机
- **1887 年** 唱盘式留声机

贝利纳正在展示他的留声机唱片录音设备。

解析

贝利纳唱盘式留声机

主要特征:

留声机唱盘

唱盘式留声机最大的特点不是机器自身，而是设计用来播放声音的唱片。从技术角度来看，唱筒比唱片要有优势，但是后者的制造成本和难度更低，并且体积小，易于存储。1895年到20世纪40年代乙烯树脂出现之前，唱盘由易碎的虫漆混合岩石粉末制成，并被染为黑色。

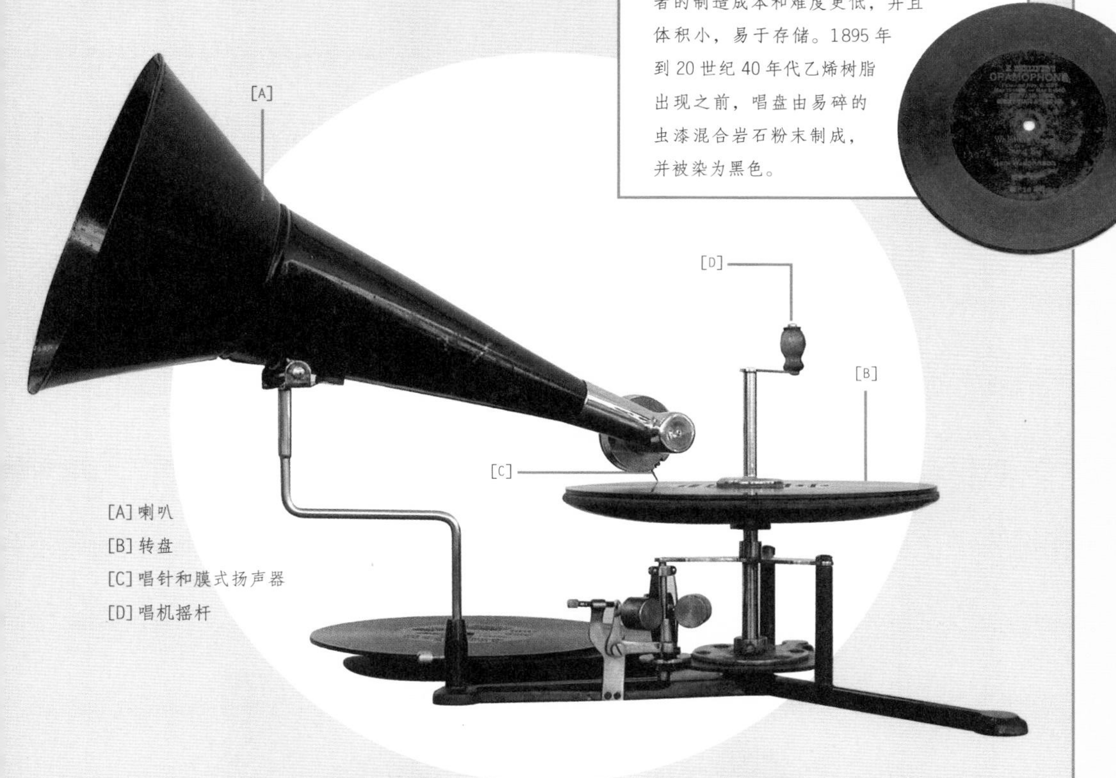

[A] 喇叭
[B] 转盘
[C] 唱针和膜式扬声器
[D] 唱机摇杆

贝利纳留声机最早出现在1889年。这一型号的留声机非常简单，被当作成套的儿童玩具售卖。留声机上最复杂的组件是唱片和膜式扬声器。扬声器将唱针从唱片唱纹上获得的震动转化成为声音。金属喇叭直接与唱针和扬声器相连，是扩音的唯一工具。可以想象，早期留声机的音质极差。机器上的转盘是手动的，但后期的留声机都安装了弹簧发条装置，不再需要有人转动唱机摇杆，并且也保证了播放唱片速度的恒定。

17

设计者：

莱昂·布利

卢米埃尔电影放映机

生产商：
卢米埃尔公司

工业

农业

媒体

交通运输

科学

计算机信息处理技术

能源

家用

1895

卢米埃尔电影放映机是一台非同寻常的机器。它集拍摄、冲印和放映于一体。尽管它不是卢米埃尔兄弟手中第一部将动作捕捉到胶片上的设备，但是这台电影放映机建立了现代电影业的许多传统，并且深远地影响了包括电视和视频在内的视觉媒体的发展。

灯光、摄像机就位，开拍！

与第二次工业革命中许多重要发明相似，摄像机和放映机一般被认为是出自同一个发明家之手，但它们的发明人实际上有两名——奥古斯特（1862—1954）和路易（1864—1948）·卢米埃尔兄弟。但是正如留声机、转盘拨号电话和灯泡的发展应归功于几个世纪以来诸多发明家的共同努力一样，将图像用暗箱投射到屏幕上的想法可以追溯到古代。然而，在大多数电影历史学家眼中，现代电影制作史则发端于“转盘活动影像镜”和“西洋镜”这类简单的动画设备。当它们像摄影师埃德沃德·迈布里奇（1830—1901）发明的“动物实验镜”那样与照片和光源组合起来，世人开始有了观看电影放映的体验。

电影放映机集摄影与放映于一体

说到早期电影技术，就不得不提到大家在前文，甚至是学生时代就熟知的一位大发明家——托马斯·爱迪生（1847—1931）。尽管他对“活动电影放映机”的判断与对待留声机以及发电这两种事物的结局相似，并不成功，但在19世纪后期许多重大发明中，我们都可以看到他的身影。

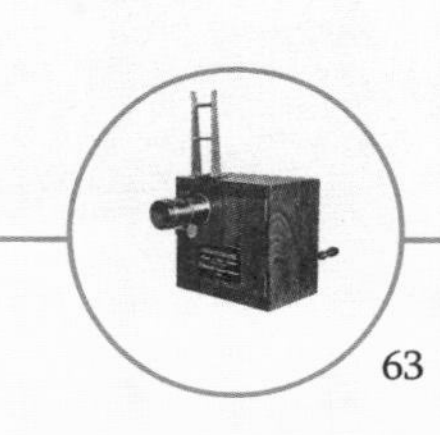

活动电影放映机所使用的35毫米胶片后来成为电影工业的行业标准，但是这部机器的设计初衷并不是将影像投射到屏幕上供大众观看，而是像后来出现在游乐场里面放映低俗影片的投币游艺机那样，只供一个人观看。最早实现屏幕投影的是一个名叫莱昂·布利（1872—1932）的法国人。他设计的“莱昂·布利电影放映机”，不仅可以拍摄动态影像，还能够将其投射到屏幕上。然而不幸的是，布利没有资金向市场推广他的发明，甚至连专利费都拿不出来。此时，富于开拓精神的卢米埃尔兄弟出手买下了这个专利。他们在法国里昂拥有一家大型影楼。

卢米埃尔

卢米埃尔兄弟改进了布利的电影放映机，并在1895年为自己的设计申请了专利。然而由于1894年爱迪生的活动电影放映机曾现身巴黎，因此人们对于他们兄弟两人是否曾见过爱迪生的放映机一事仍有争议。只不过这一次当事双方之间并没有专利侵权诉讼，所以这场争议可能更多的还是跟法美两国的民族自豪感相关——发明电影的到底是美国人还是法国人。然而，观看爱迪生的放映机应该算是一种与看电视或者上网类似的私人体验，但卢米埃尔兄弟则可以说是他们首先让人们体验到了什么是影院观影。

电影摄制发展史

- **1832年** 转盘活动影像镜
- **1833年** 西洋镜
- **1879年** 动物实验镜
- **1889年** 连续摄影机
- **1890年** 活动电影放映机
- **1894年** 手摇放映机
- **1895年** 莱昂·布利电影放映机
- **1895年** 电影放映机

虽然卢米埃尔兄弟是电影摄制的先锋，但他们后来还是放弃了这一拍摄工具，而专注于静态摄影。

第一张电影院的观影海报

1895 年，在举行了几次私人放映之后，卢米埃尔兄弟俩于 12 月 28 日在巴黎格兰咖啡餐厅的地下室里举行了首次公开放映，入场费是 1 法郎（相当于现在的 4 美元）。这次活动放映了 10 部电影，每一部时长 38 至 49 秒，包括纪录片《工人下班》《钓金鱼》《铁匠》，以及一段幽默卡通短片《水浇园丁》，又称《淋成落汤鸡》。1896 年，他们带着电影放映机进行了环球演出，分别去了印度、美国、加拿大以及阿根廷。尽管兄弟俩通过销售放映机和短片在商业上取得了成功，但是他们认为电影是一项“没有前途的发明”。于是他们放弃了电影业务，回到了自己的最爱——摄影。1903 年，他们为自己的彩色胶卷“卢米埃尔彩色干版”取得了专利。

这台质量轻便的 16 磅手摇曲柄摄影机集拍摄、冲印和放映这三大功能为一体……一天之内，操作者可以早上拍摄画面，下午冲印影片，然后在当天晚上将成品放映给观众观看。

——《法国电影》（2004），R. 兰佐尼著

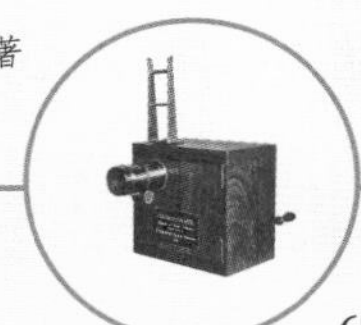
卢米埃尔电影放映机

解析

卢米埃尔电影放映机

[A] 摇柄
[B] 镜头
[C] 取景器

作为一台机器，电影放映机可谓独具一格，集电影的拍摄、冲印与放映功能于一体，同样的功能只有2003年才出现的超微投影仪能够做到。电影放映机所使用的胶片只有两个送片孔，不像35毫米标准胶片那样有四个送片孔。在拍摄模式

电影放映机非常便携，并且可以变身为摄像机、放映机以及胶片冲印机。因此随着卢米埃尔的摄影师前往世界各地并将拍摄结果发回里昂，他们所举办的开拓性展览无不取得了巨大的成功。

——《生动的画面：电影的起源》（1998），迪亚奇·罗素著

电影放映机的剖面图展示了其内部构造。

拖动胶片穿过放映机的一部分手摇偏心凸轮机构。

下，操作人员以每秒两圈的速度转动摇柄，送入生胶片，胶片则以每秒16到18帧的速度通过快门。

这个速度一直被作为帧速度的标准，直到有声电影出现之后才提高到24帧/秒。为了从冲好的底片获得放映拷贝，操作人员将镜头对准同一光源，然后将未曝光胶片与底片一同送入机器。在放映模式下，电影通过放映机播放出来，并借助外部的光源投射到屏幕上。

由于当时人工照明不够先进，电影放映机与同时代的硬片照相机相似，都不能在室内和夜间进行拍摄，只有阳光充足的时候才能在户外使用。而且影片的拍摄长度也有限制。卢米埃尔兄弟所拍摄的故事片长度都不足一分钟。

主要特征：

偏心凸轮机构

卢米埃尔兄弟为自己的偏心凸轮机构取得了专利。随着操作者转动摇柄，偏心凸轮机构将胶片的转动转换成了垂直运动，从而使胶片通过快门。凸轮与弹性构架相连，构架上有两个针脚，穿过胶片上的两个送片孔，使胶片以16帧/秒的速度正确转动。由于放映功能是手摇式的，所以放映员需要具备一定的技巧，从而保证以正确的速度放映影片。

火车的设计中也用到了偏心凸轮机构。

18

设计者：

古列尔莫·马可尼

马可尼无线电

工业

农业

媒体

交通运输

科学

计算机信息处理技术

能源

家用

生产商：
无线电报与信号公司

1897

像电话和电灯泡的发明一样，无线电的历史也是一片充斥着各种索赔与反索赔诉讼的雷区。当今大多数历史学家都认为尽管马可尼成功实现了无线电——即当时所谓的“无线电报”——的商用，但他并不是无线电的发明者。他以前人的理论和实验为基础，对各种既存组件进行了组合与改进，创造出了一套可行的无线通信系统。因此，虽然他不是无线电的发明人，但仍然是一个把无线电卖给全世界的杰出企业家。

无线电与“泰坦尼克号”之觞

1912 年 4 月 10 日，皇家邮轮泰坦尼克号从英格兰南安普顿出发，开始了她的处女航，目的地是美国纽约。1997 年，詹姆斯·卡梅隆执导的电影《泰坦尼克号》即来源于这段旅程。尽管船上没有配备足够的救生艇，但却装备了当时所有最先进的技术，这其中便包括两台马可尼无线电广播设备。轮船春季在北大西洋航行时，无时无刻不面临着一种巨大的风险——冰山。而泰坦尼克号则可以依赖这种设备收发有关冰山的预警信息。根据收到的信息，泰坦尼克号的船长选择了一条更加靠南的航线。然而不幸的是，他的这一决定带领着这艘巨轮冒着蒸汽笔直驶向了更多的冰山。4 月 14 日这一天，泰坦尼克号上的无线电操作人员收到了好几条冰山预警。可由于他们首先是马可尼公司的雇员，该公司收取了头等舱乘客的高额费用，向他们提供有偿无线电报服务，因此船上的无线电操作员并没有将冰川预警通知驾驶舱。

晚上大约 11 点 40 分，泰坦尼克号撞上了冰山，船体受到了致命的损伤。尽管无线电未能避免这场灾难的发生，但是它本该能

1912 年产马可尼无线电设备原型，与泰坦尼克号上安装的一模一样。

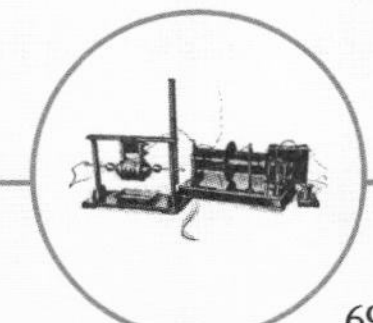

确保乘客和船员得到及时的救援。可是虽然许多船只都收到了泰坦尼克号发出的“CQD”遇难求救信号和新启用的“SOS”紧急求救信号，但是却没有一艘做出反应的船只能在她沉没之前赶到。加州人号邮轮是当夜距离泰坦尼克号最近的一艘船，但为了躲避冰山而被迫停航。当时加州人号上的人甚至从船上能看到泰坦尼克号的求救烟火信号，但是由于她的无线电操作员睡着了，而且还关闭了发射器，所以没有接收到遇险求救信号，也没有做出回应。有传言说这是因为泰坦尼克号上的无线电操作员之前由于忙着为乘客服务，拒绝接收冰山预警，而得罪了加州人号上的操作员。悲剧的是，泰坦尼克号上的无线电不仅未能帮它躲过灾难，反而与这艘巨轮的沉没以及随之逝去的1517条鲜活的生命难脱干系。

无线电

- **1886年** 赫兹电波
- **1890年** 布朗利粉末检波器
- **1889年** 特斯拉演示
- **1890年** 洛奇演示
- **1891年** 玻色演示
- **1892年** 波波夫粉末检波器
- **1893年** 马可尼无线电

马可尼显示出了企业家的特质。他善于抓住公众的眼球，而且似乎对于实现新无线技术的商业化，他的进展也颇为顺利。

——《标志性发明家》（2009），J.克洛斯特著

开启无线电时代

19世纪70年代，大东方号成功地铺设了数千英里长的海底电缆。在此之前，世界各地相距甚远的地区之间要想有所交流，只能通过轮船。根据邮轮航线的不同，伦敦发往纽约的信件需要花一个星期甚至更长时间，而到澳大利亚则要耗时数月。有线电报的出现彻底改变了世界，有史以来，各个大洲间首度有了直接的联系。但有线电报有一大缺陷——它无法实现船到岸或船与船之间的联系。随着有线电报的不断完善，寻找无线交流方式的竞争也随之开始。

1873年，英国物理学家兼数学家詹姆斯·克拉克·麦克斯韦（1831—1879）提出，可以通过电磁波实现无线通信，该理论得到了海因里希·赫兹（1857—1894）的实验验证。赫兹也许本可以宣称自己是史上第一个实现无线电收发的人，因而后人亦称无线电波为“赫兹电波”以纪念他为此所做出的贡献。然而，他并不认为自己的发现有什么用途。在他成功完成无线电试验之后不久，他曾说：“我不认为自己发现的无线电波会有任何实际应用。”

包括尼古拉·特斯拉（1856—1943）和古格列尔莫·马可尼（1847—1937）在内的其他人则并不同意他的观点，并从他的工作中看到了实现船用无线通讯系统商业化的关键。1893 年，特斯拉在费城和芝加哥公开演示了自己的无线电收发机，被后世的美国人认为是无线电的发明人。虽然在他之前，美国、英国、印度和俄罗斯等国家有不少才华横溢的发明家也曾成功实现了无线电信号的发射，但没有一个能将自己的发明实现商用。1890 年，爱德华·布朗利（1844—1940）开发出了一种无线电波探测器，也就是通常所称的“粉末检波器”。这也是无线电的发展史上的一大进步。

作为一名才华横溢的企业家，古列尔莫·马可尼将无线电推广到了全世界。

汇报女王殿下

1897 年马可尼取得了“无线电报”的专利。这种无线电报与今天我们眼中的广播语音和音乐的无线电大相径庭。即便是最早的语音系统也要再过十年才会面世，而商业化的无线广播则要等到 20 世纪 20 年代才会出现。早期无线通信采用的是莫尔斯代码。这种代码通过对长（点）短（划）脉冲的不同组合来表达不同的英文字母，例如，S.O.S.=···——···。1894 年，马可尼开始以赫兹的实验设备为基础进行实验，并将第一次无线传输实验的地点选在了意大利博洛尼亚家中的后院里，但很快他就将信号覆盖范围扩展到了 1 英里（约 1.6 公里）以上。一开始，他想将发明卖给意大利政府，遭到拒绝后，他又将其展示给了英国邮政总局。1896 年，他成功检测到了 8 英里（约 12.9 公里）以外发出的无线信号，证明了无线通信的可行性。1898 年，他在英格兰切姆斯福德市开办了世界上第一家无线电工厂。马可尼是一名自我营销大师。1898 年 12 月，英国王储威尔士亲王因伤在皇家游艇上修养身体，而维多利亚女王（1919—1901）则身处怀特岛的奥斯本宫。马可尼在两地之间建立了无线通信，成功导演了一场宣传大戏。

古列尔莫·马可尼

1874–1937

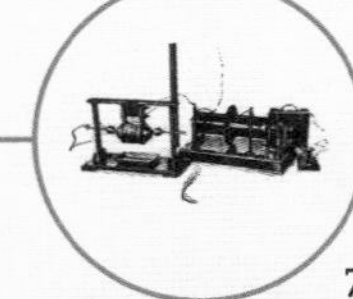

解析

马可尼无线电火花隙式发射机

[A] 天线
[B] 火花隙
[C] 感应线圈
[D] 电池
[E] 发报电键
[F] 粉末检波器

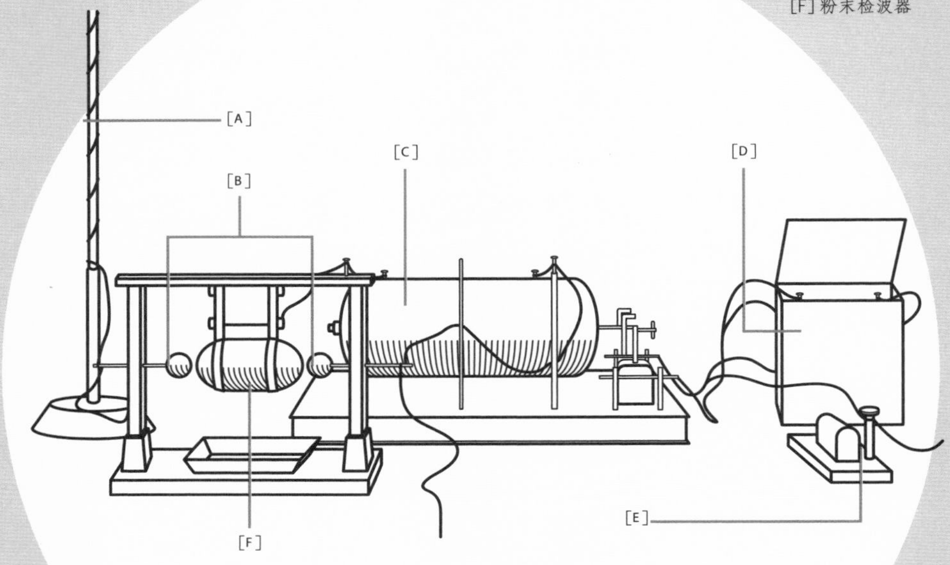

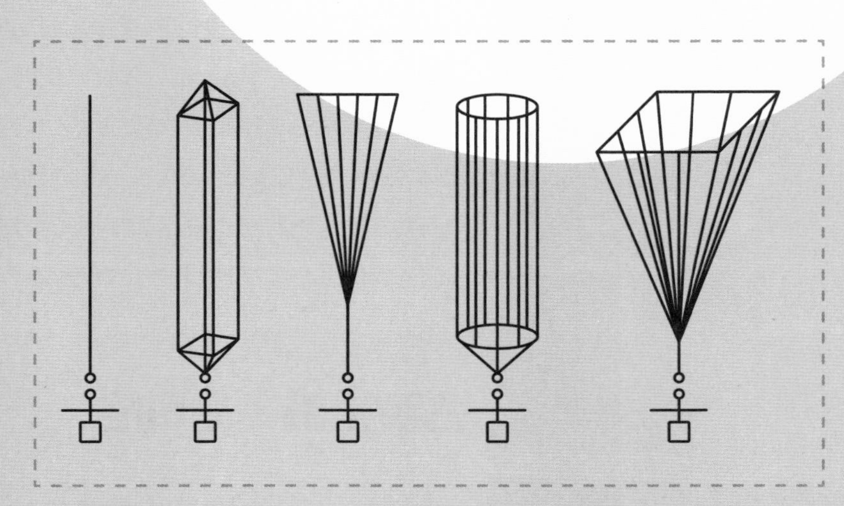

早期无线电报发展过程中曾使用过各种各样的天线设计。

最早的马可尼无线电为火花隙式发射器，采用莫尔斯代码。发射器由感应线圈、莫尔斯电键和电源组成。发射器一开始是采用电池驱动，但是马可尼后来将其改为交流电源和升压变压器驱动。莫尔斯电键与交流发电机以及变压器相连。当操作人员按下电键，电流通过感应线圈。在马可尼的早期设计中，感应线圈起着螺线管和升压变压器的作用。一对触点的作用是中断电流，为变压器提供一系列脉冲。线圈磁化后，吸住触点之一上的金属棒，从而切断电流，使触点归位。并联调谐电路与火花隙及变压器相连。按下莫尔斯电键会产生火花，使电压携带着阻尼振荡穿过调谐电路，阻尼振荡有着与调谐电路相同的频率。天线和地线的作用是实现信号的远距离传输。

1990年左右出自哈迪格和马斯奥丁公司之手的早期火花隙式发射机。该发射机用于船舶，其信号传输距离约为6英里（约9.7公里）。

主要特征：

粉末检波器

早期的无线电采用粉末检波器来检测无线电波。粉末检波器的设计师是爱德华·布朗利，检波器含有一个玻璃管，管内装有金属屑。有高频率电流穿过金属屑时，它们就会粘在一起，或者说“凝聚在一起”，这样会降低它们的电阻。要想使金属屑分离开，需要轻拍检波器。

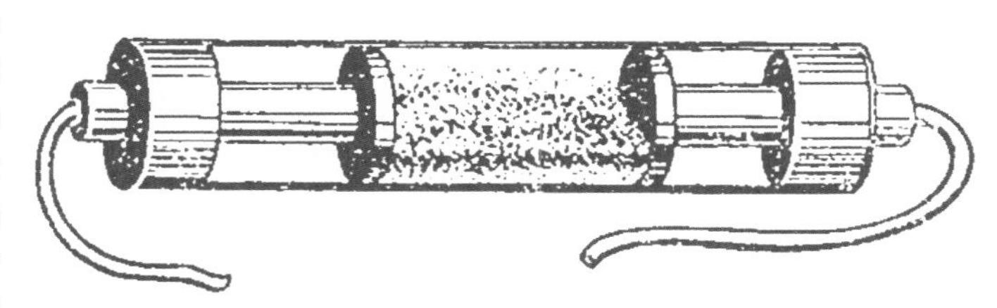

在早期无线电设备中，爱德华·布朗利的检波器是关键部件。

19

设计者：

鲁道夫·狄塞尔

柴油发动机

生产商：
奥格斯堡机械制造厂

工业
农业
媒体
交通运输
科学
计算机信息处理技术
能源
家用

1897

尽管蒸汽发动机催生了第一次工业革命，但是它的效率却非常低下，不仅十分浪费资源而且运行成本高昂，同时还造成了严重的大气污染，因而鲁道夫·狄塞尔梦想能够创造出一台效率真正理想的发动机。他的柴油发动机设计于1892年到1893年之间，并于1897年制造成功，是第二次工业革命期间的一项重要发明，为第二次工业革命的成功做出了巨大贡献。

燃眉之急

第一次工业革命期间，各类机械的驱动力首先是水力，之后则是蒸汽动力。磨坊、煤矿和工厂所采用的固定式蒸汽发动机先后得到了詹姆斯·瓦特（1736—1819）的完善以及乔治·科利斯（1817—1888）的改进。尽管如此，蒸汽发动机的效率仍然十分低下，热效率仅为10%到15%。这不仅是对资源和金钱的巨大浪费，而且造成了大规模的大气污染。1824年，尼古拉斯·卡诺（1796—1832）提出了一种理想化的发动机。尽管在当时，环境问题并不是一项需要迫切解决的问题，工程师们仍然进行了努力研究，希望自己创造出的发动机的效率能够接近这种理想发动机。

卡诺研究了包括蒸汽机和内燃机在内的同时代发动机，并对理想“热力发动机”进行了描述。这种热机以四个工作步骤或曰冲程的循环为基础。高温热源传递出的热量使工作介质（气体或者液体）膨胀，并作用于活塞。活塞和汽缸在完全密封的状态下，无法获取或丢失热量。工作介质不断膨胀，直至膨胀引发介质的冷却，然后冷却的工作介质将热量传递到低温热源。密封发动机内工作介质的压缩再次引发介质温度的上升，使其恢复到与第一步相同的状态。

1857年，意大利巴尔桑蒂－马泰乌奇式发动机在英国取得了专利，这便是史上第一台商业化四冲程内燃机。但直到1877年之后，内燃机才得以盛行开来。这要归功于德国工程师尼古拉斯·奥托（1832—1891）

90年代早期，我开始设计自己的发动机时，现有的方法完全不可行。机器产生的巨大的压力以及运动部件之间的摩擦力都是前所未有的，我不得不开始详细梳理每一个部件所承受的应力，深入研究材料科学。

——鲁道夫·迪塞尔，摘自《生物柴油》（2008），G.帕尔著

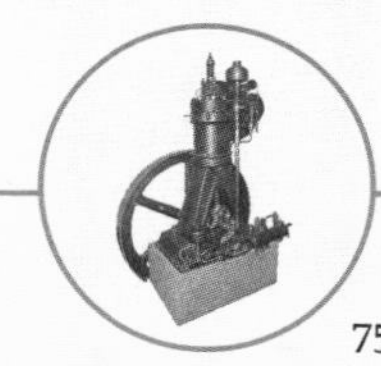

和尤金·朗根（1833—1895）所做出的改进，因而今天人们仍然将使用火花塞进行电子打火的四冲程发动机称为“奥托发动机”，以纪念他们所做出的贡献。尽管比起蒸汽发动机，奥托四冲程发动机有着更高的效率，但是它的热效率仍然离卡诺热机相距甚远。即使在现代，四冲程发动机的平均热效率大约也只有卡诺热机的 30%。

作为最早的商业化内燃机，巴尔桑蒂－马泰乌奇式发动机这种大型立式发动机是为重工业企业以及远洋轮船设计的，不适用于汽车。

工程师之死

1913 年 9 月 29 日的晚上，德国工程师兼柴油机的发明人鲁道夫·迪塞尔（1858—1913）从安特卫普登上了一艘前往英格兰的渡轮。尽管此时距第一次世界大战的爆发只剩不到一年的时间，英德两国即将兵戎相见，但是迪塞尔此次造访英国并无任何不可告人的秘密。他不过是要去伦敦与英国一些生产自己发动机的厂商开一个例行会议。晚上 10 点的时候，迪塞尔返回自己的客舱，并要求乘务员次日早上 6 点 15 分叫醒他。但第二天早上，人们发现他的客舱空空如也，船上其他各处也寻不见他的身影。10 天之后，一艘荷兰渔船发现一具尸体漂浮在英吉利海峡上。由于这具尸体已然腐烂不堪，船员没有将其打捞上船，只是将其身上有助于确认死者身份的个人物品收了起来。同年 10 月，鲁道夫的家人确认这些物品属于那位失踪的工程师。

迪塞尔传记的主要作者认为，工作的过度劳累使得迪塞尔情绪压抑，极度疲惫，进而导致他精神崩溃，并最终选择结束自己的生命。但当时，各种阴谋论在英国媒体上甚嚣尘上。在战争即将爆发的大环境下，有声音指出德国军队间谍为了阻止迪塞尔把更多发明交给英国人，策划了迪塞尔之死。近代以来还有一种理论认为迪塞尔是被石油公司下令谋杀的。这是因为他当时正计划设计以“生物柴油”为动力的发动机，而这会终结石油公司的垄断地位，无法继续从生产内燃机燃料当中获取丰厚利润。尽管此事已经发生了将近一个世纪，但是却从未有证据证明迪塞尔是被谋杀的。也许这位发明家之死并不像阿加莎·克里斯蒂侦探小说中的谜题那样值得大书特书，而不过是一起单纯的自杀而已。

内燃机发展史

- 1807 年 氢气发动机
- 1807 年 内燃机
- 1857 年 巴尔桑蒂 – 马泰乌奇式发动机
- 1870 年 马库斯“汽车”
- 1877 年 奥托四冲程发动机
- 1879 年 奔驰二冲程发动机
- 1882 年 阿特金森循环发动机
- 1897 年 柴油发动机

柴油的优势

迪塞尔梦想着能发明一种和卡诺理想发动机一样高效的发动机。尽管柴油发动机的效能理论上可以达到 75%，但在实际操作当中，目前所能达到的最高水平仅为 50%，平均则只有 45% 左右。不过，这仍然比大多数奥托发动机的效率要高 15%。柴油发动机的热效率意味着对于同样的工作量来说，柴油发动机消耗的燃料量更少。相较于汽油，石油制造柴油的成本更低，而且不必进行费用高昂的发动机改造就可以采用生物燃料代替柴油。柴油虽然算不上是“绿色”燃料，但是产生的一氧化碳非常少，因而非常适合采矿和潜艇使用。柴油发动机不需要使用高压点火系统，所以其总体设计要比汽油发动机更加简单，有着更高的可靠性。柴油发动机所需的高压力意味着它们比汽油发动机更加坚固，寿命也更长。这些优点使得柴油成为取代蒸汽动力的明智之选，为第二次工业革命的重工业和运输机械提供动力。

解析

柴油发动机

[A] 进风口
[B] 燃油喷射阀
[C] 汽缸
[D] 活塞
[E] 连接杆
[F] 曲柄轴

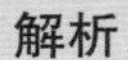

重型机械所用立式柴油发动机的最初设计。

柴油发动机这种内燃机采用的是压燃点火而不是电子点火。其最初的设计为立式单活塞发动机，驱动着一个大飞轮。该发动机循环包含以下四个冲程：(1)在大气压力下，进气冲程将空气通过进气阀吸入汽缸。(2)在两个阀门均关闭的条件下，压缩冲程将空气压力压缩到40巴(4.0兆帕，580磅/平方英寸)并将空气加热到1022华氏度(550摄氏度)。(3)在压缩冲程达到的顶部时，燃料呈喷雾状注入燃烧室。燃烧室内的加热压缩空气点燃混合气体，使燃料液滴在恒定压力下燃烧。燃烧气体急剧膨胀，推动活塞下行，驱动曲轴。气体的燃烧不依赖于单独的点火系统，而且高压缩比提高了发动机的总体效率。在奥托发动机中，空气与燃料在进入气缸之前先行混合。此类发动机的一个主要问题就是有过早点火的风险。一旦出现过早点火，整个发动机都会损毁。而柴油发动机则不存在这个问题。在柴油发动机中，燃料直到活塞即将达到上止点前才会进入汽缸。(4)最后,在排气阶段，燃烧产生的废气通过排气管排出。

主要特征:

气动喷油机制

迪塞尔的发动机一开始使用的是气动喷油机制，该机制将雾化燃料和压缩空气燃料经喷嘴送入气缸。在达到上止点之前，曲柄轴操纵一个针阀打开喷嘴，启动燃料喷射。

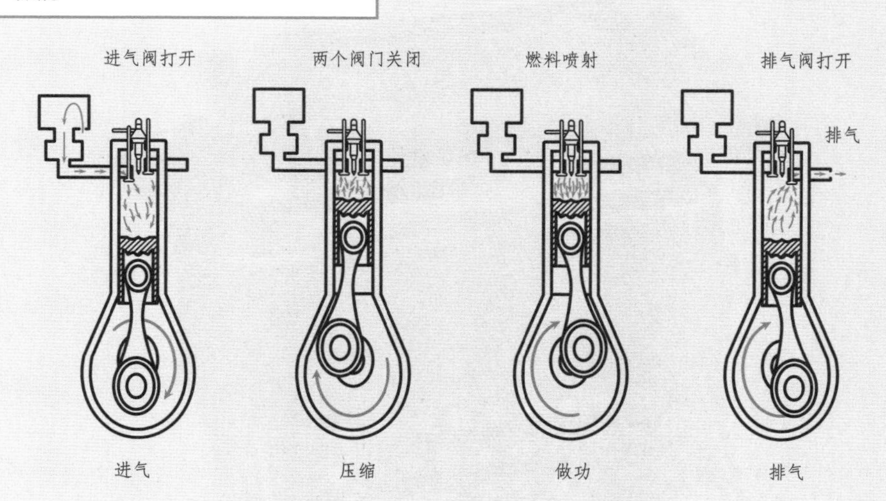

设计者：

弗朗兹·X.瓦格纳

安德伍德牌一号打字机

工业

农业

媒体

交通运输

科学

计算机信息处理技术

能源

家用

生产商：
瓦格纳打字机公司

1897

打字机的发明标志着“键盘时代”的到来。安德伍德牌一号打字机尽管不是最早的“打字机”，但是它集手动打字机的大部分特点于一身。后来，这些特点成为手动打字机的标准，直至手动打字机被文字处理软件和电脑所取代。尽管手动打字机现在已化身为一种精巧的古董，但在19世纪晚期，它却是一种尖端商业技术，就像一个世纪后出现的电脑一样，深刻地改变了办公的形态。

1870年的球型打字器

键盘时代的到来

想象一下，如果一切都需要用笔慢慢书写，并且用的不是圆珠笔或者记号笔，而是蘸墨水的鹅毛笔或者带金属尖的笔，那将是一个怎样的年代？尽管笔者的盲打水平并不算太好，但每分钟用笔记本电脑大约也能打50个词。而一个受过专业训练的打字员，其打字速度则可以超过每分钟120个字。在工业革命期间，尽管工业、通信以及运输行业的发展速度在不断提高，商业、金融以及政府事务的文书往来却仍然以每分钟20—30个字的速度安然进行着。19世纪中叶才出现的打字机可谓是一项姗姗来迟的发明。

现代打字机的历史始于1829年发明的“伯特家庭字母打字机”。这台设备发明于美国，用的不是键盘而是转盘，其速度甚至比手写还要慢。1855年出现在意大利的大键琴式打字机是一台奇特的打字机混合体，有着钢琴的外观。这台打字机在当时备受赞誉，但却未能实现商业化。史上第一台商业打字设备是1870年由丹麦牧师拉斯穆斯·马林汉森（1835—1890）设计的球型打字器。在马林汉森一开始的设计中，球型打字器包含一个镶有字母键的金属半球，字母键悬于纸张上方，纸张则固定在一个圆筒上。尽管球型打字器很有独创性，但却不是美国发明家克里斯托弗·肖尔斯（1819—1890）与卡洛斯·格里登（1834—1877）1868年设计的“打字机”的对手。1873年起，雷明顿与桑斯公司开始生产这一打字机，并在后来发展成为一家全球领先的打字机制造商。尽管乍一看，这一配有标准英文打字键盘的打字机外观四四方方，跟现代的手动打字机很相似，但它还是缺少好几项主要特征。由于没有字形切换键，这台打字机只能打出大写字母，而且由于印字杆是垂直的，打字员只有在打字机的字车归位，同时滚筒将纸转上去之后才可以看到所打的字。

所见即所得

尽管在我们看来，使用打字机的人就应该直接看见自己所打的内容，但在 19 世纪末期，打字机却都是盲打型的。这些打字机要么采用悬于打印纸上方的打字机构，要么就是印字杆向上敲击。弗朗兹·瓦格纳（1837—1907）1890 年设计的“摇臂齿轮”装置虽然不是史上第一种可见式打字机设计，但在使打字员能看到自己工作这一点上却是最可靠的。瓦格纳生于德国，1864 年移民到了美国。作为一名机械工程师，瓦格纳拥有好几项发明专利，这其中就包括他在专注于改进打字机之前发明的史上第一个水量计。

尽管瓦格纳设计出了世界上最畅销的手动打字机，但是他也难逃发明领域的窠臼，那就是，瓦格纳本人并没有足够的商业头脑，将自己的发明开发成商品。1895 年，他找到了约翰·T. 安德伍德（1857—1937），寻求他的支持，对自己的发明进行商业开发。安德伍德时任一家生产打字机色带和碳式复写纸等办公用品公司的董事长。在雷明顿开始自产打字机色带后，安德伍德立刻对外宣称自己的公司也将生产打字机，挑战雷明顿标准打字机的行业领袖地位。看到瓦格纳可见式打字设计，安德伍德立刻意识到了其优势所在，并于 1897 年将其命名为安德伍德牌一号打字机投产。1901 年瓦格纳被迫将专利完全出售给安德伍德，在此之后，凡是提到瓦格纳的地方都被删除了。因此安德伍德牌打字机只有前两代产品的机身后面很不起眼地带有“瓦格纳打字机公司”几个字，而在机器前面“安德伍德牌”的字体则要大得多。到了 1920 年，安德伍德牌可见式前打字设计击败了所有的竞争对手，全世界的打字机制造商都开始模仿它的设计。

打字机发展史

- **1829 年** 伯特家庭字母打字机
- **1854 年** 书法家打字机
- **1855 年** 大键琴式打字机
- **1870 年** 汉森球型打字器
- **1873 年** 肖尔斯格里登打字机
- **1878 年** 雷明顿标准打字机
- **1889 年** 安德伍德牌一号打字机

伯特家庭字母打字机发明于 1829 年，其打字速度比手写速度还要慢。

14 吨的巨型打字机

经过了艰难的起步阶段，打字机成功变身为其所处时代的智能手机和平板电脑，成为一种不可或缺的办公用品，营销行业亦竭尽脑汁地对它进行大肆宣传。1915 年，安德伍德以全世界最畅销的手动打字机——安德伍德五号打字机——为原型，为在旧金山举行的巴拿马太平洋博览会制造了一台重达 14 吨的打字机。这台钢铁怪兽高 18 英尺（约 5.5 米），宽 21 英尺（约 6.4 米），完整复制了安德伍德五号的所有功能，并且可以通过遥控装置进行操作。这台巨型打字机的每根印字杆重达 45 磅（约 20.4 公斤），所用的纸张面积达 9 × 12.5 英尺(约 2.7 × 3.8 米)。

除了自身的特点之外，打字机与安全自行车相似，在妇女解放运动以及妇女参与文职工作的过程中扮演了十分重要的角色。19 世纪 70 年代中期以前，办公室一直是男性的天下。女性要么是全职家庭主妇，要么做销售员或者工厂女工。打字机不仅满足了人们对于速度更快的书写方式这一久已有之的需求，还在办公室中创造出了秘书、速记员和打字员这些新岗位，而这些岗位大多由女性从事。这从某种程度上来说，是因为女性能够接受比男性低得多的薪酬标准。截至 1900 年，美国有四分之三的文职人员都是女性。

截至 1920 年，全世界各地的打字机制造商均采用了安德伍德的设计。

安德伍德五号打字机是有史以来最成功的手动打字机之一。

安德伍德一号被认为是第一台现代打字机。这是因为这台打字机与以往的型号不同，它在打字时，其结果完全是所见即所打。

——《新媒体手册》(2006)，安德鲁 · 杜德内、彼得 · 瑞德著

解析

安德伍德牌一号打字机

[A] 标准英文打字键盘
[B] 印字杆
[C] 压纸卷轴
[D] 字车以及回车
[E] 跳格键
[F] 空格杆
[G] 字形切换键

安德伍德打字机具备标准英文打字键盘和字形切换键。

主要特征：

可视打字区域

瓦格纳设计了一种印字杆机构，不仅解决了打字区域的可视问题，而且保证了印字杆能在高速打字情况下回落到正确位置，并且不会卡在一起。

按动连杆使色带抬起，并使字车向前移动。

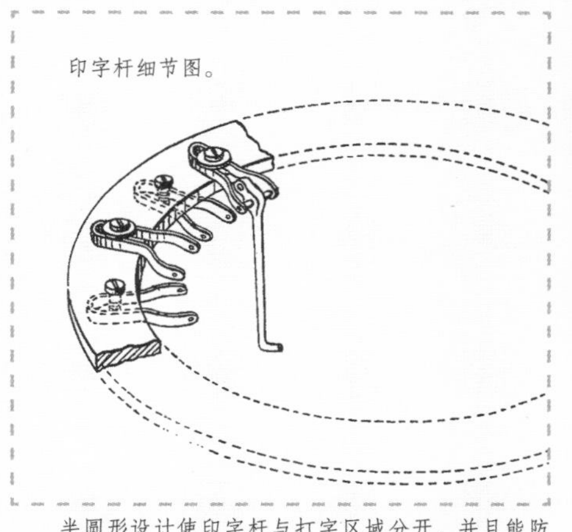

印字杆细节图。

半圆形设计使印字杆与打字区域分开，并且能防止卡键。

安德伍德牌一号打字机的设计以印字杆的结构为中心。印字杆是一些携带字体的连杆，其敲击方向被设计为正面敲击压纸卷轴（固定纸张的滚筒），而不是像早期打字机那样从反面打字。不使用的时候，印字杆呈半环形水平放置，不会遮挡住打字区域。这款打字机只有一个标准英文字母键盘，并没有给大小写字母设置单独的按键。操作人员通过使用字形切换键来选择字母的大小写。印字杆抬起的同时，色带随之就位，字体敲击色带，将字母印到纸上。操作人员可以不打出任何内容，而是通过按下空格键移动字车。抵达页尾时，则使用字车归位键返回至行首，将纸张转上来。安德伍德牌一号打字机是史上首台带有内置跳格键的打字机。操作人员可以借此制作出整齐的表列。尽管这款打字机属于纯机械式打字机，但是比其他打字机更灵敏，因而深受文职人员的青睐。

设计者：

弗兰克·布劳内尔

柯达勃朗尼相机

生产商：
伊士曼柯达公司

工业

农业

媒体

交通运输

科学

计算机信息处理技术

能源

家用

1900

虽然柯达勃朗尼相机最初的市场定位是儿童用相机，但是鉴于它有着很高的易用性，很快就有很多成年人买来自己用。作为史上最畅销的相机，勃朗尼相机结构简单，易于操作，引发了摄影的革命，使得非专业人士也能拍出全家福和假日活动快照。

这张我们拍的是……

今天，我们认为拿起手机拍摄发生在身边的事情是再自然不过的事情，但是在 20 世纪以前，照相却需要借助笨重的干板照相机，曝光时间长达一分钟甚至更久。高昂的成本令摄影对普通人来说可望而不可及。乔治·伊士曼（1854—1932）是伊士曼柯达公司的创始人。他立志要改变摄影，把它从一种精英式职业转变成为一种每个人都可以享受得起的消遣。而他所面临的一个挑战就是如何摆脱涉及有毒化学物质的干板照相技术。1884 年，伊士曼取得了第一个实用胶卷专利。1885 年，他聘请了弗兰克·布劳内尔（1859—1939）来帮助他为新的柯达胶卷设计制造一款相机。

布劳内尔来自于加拿大，学过木工。伊士曼与他先是在 1885 年设计出了胶片夹，之后在 1888 年制造出了柯达的第一款相机——柯达 1 号。尽管这对于摄影领域来说是一项重大突破，但是这款相机高达 25 美元的售价对于大多数美国人来说还是太过昂贵。伊士曼要求布劳内尔再设计一款相机，不仅要价格便宜，而且要简单到连孩子都能操作。应此要求，柯达勃朗尼 1 号于 1900 年问世。这款照相机的目标客户最初定位于儿童，售价仅 1 美元。它小巧轻便，使用方便，机身外侧的一个纸盖为胶卷提供保护，并且可以在日光下实现胶卷的更换。勃朗尼 1 号在成人和儿童之间风靡一时，于是伊士曼在 1901 年推出了售价为 2 美元的勃朗尼 2 号相机。这款相机直到 1933 年才退出市场。

静物照相机发展史

暗箱 **公元前 4 世纪**
涅普斯暗箱 **1816 年**
银版照相法 **1837 年**
沃考特相机 **1840 年**
卡罗式照相法 **1841 年**
全景照相机 **1859 年**
柯达牌胶卷照相机 **1888 年**
柯达牌勃朗尼相机 **1900 年**

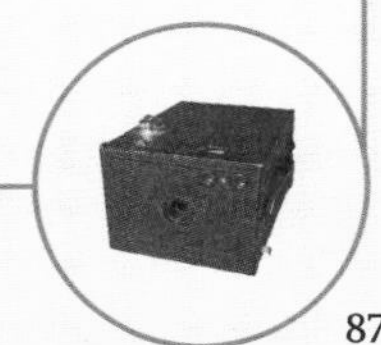

解析

柯达勃朗尼相机

[A] 带条
[B] 锁定
[C] 取景器镜头
[D] 取景器
[E] 输片器
[F] 镜头

勃朗尼相机，学龄孩童都能拿来拍出好照片的相机，伊士曼柯达公司荣誉出品。本款相机仅售 1 美元，可在日光下更换胶卷，胶卷暗盒内装 6 张底片，拥有高质量的弯月透镜和伊士曼旋转快门，快照与定时曝光两便。

——1900 年柯达广告

在技术方面，早期的勃朗尼相机与今天的数码相机有着天壤之别。其外壳基本上都是纸制或者木制，后来又出现了铝制外壳。相机前面有一个凹凸镜头。勃朗尼2号相机有两个取景器，一个位于镜头上方，另外一个则位于快门调杆侧上方。勃朗尼照相机没有内置闪光灯，也无法调整焦距、光圈或者快门速度，因此只能在光线充足的室外拍摄中景静物。勃朗尼相机可以装下6张柯达120号胶卷底片，底片为2.25×3.25英寸（约5.7×8.3厘米）见方。每当拍完一张照片，操作相机的人需要手工转动与片轴相连的一个旋钮，向前转动胶卷。早期型号的相机需要在暗房里安装胶卷，以免胶卷曝光。而勃朗尼相机所用胶卷的外层带有起保护作用的纸，因此可以在日光下直接安装胶卷。胶卷仓前侧为铰链式设计，可以打开进行胶卷的更换。得益于其简便的操作，很快柯达公司推广勃朗尼相机时的宣传语就改成了“你负责按下按钮，剩下的由我们来做”。

主要特征:

价格低廉

勃朗尼相机最突出的特点就是其低廉的价格。勃朗尼 1 号零售价仅为 1 美元，2 号则为 2 美元。同时，伊士曼还确保人们为购买和冲洗胶卷所付出的费用也很低。1900 年，一个含 6 张底片的胶卷仅为 15 美分，纸质底片为 10 美分，照片冲洗费则为 40 美分。

1949 年 5 月推出的勃朗尼鹰眼型相机拥有一个超大号的闪光灯。

勃朗尼采用纸质胶卷取代了原来的干板玻璃片和有毒化学物质，这种胶卷易于安装，而且可以送到柯达公司进行冲印。

勃朗尼纸质胶卷要手动安装到片轴上，然后通过转动机身外壳上的旋钮来往前输片。

设计者：

亚历山大·朱思特

弗拉尼奥·哈纳曼

钨丝灯泡

工业

农业

媒体

交通运输

科学

计算机信息处理技术

能源

家用

生产商：
钨公司

1904

白炽灯泡不仅为我们的住所和工作场所带来了更多的光明，而且由于它所依赖的电力既不像煤油那么易燃，也不像灯用煤气那么易爆，我们的住所和工作场所也变得更加安全。1880年，爱迪生成功将白炽灯泡推向市场。19世纪末到20世纪之初，匈牙利和美国的科学家共同实现了对白炽灯泡的完善。

67岁的高龄灯泡

EverythingWestport.com是一家致力于发布马萨诸塞州韦斯特波特镇相关新闻的网站。笔者要感谢这家网站所发布的一条新闻，同时对于那些发起拯救白炽灯泡运动，反对用节能灯取代并废止白炽灯泡，但却不会成功的人来说，这条新闻应该能为他们带来些许慰藉。2008年，韦斯特波特镇艾奇逊农场的伊丽莎白·艾奇逊女士向当地的历史学会捐赠了一只灯泡。这是一只1922年小镇通电时安装在她家农场走廊上的灯泡，一直用到了1989年。这只年过六旬的灯泡是“马兹达”牌，为六环钨丝灯泡，出自通用电气公司之手。

灯泡也是一项错归于爱迪生（1847—1931）的发明。不过尽管爱迪生并不是白炽灯泡真正的发明人，他却在1880年成功地将自己的设计实现了商业化。英国科学家汉弗莱·戴维（1779—1829）早在1802年就首次证明了灯泡的原理。但是直到将近八十年之后，技术和材料科学才发展到足够的水平，使他的发明在商业领域具有可行性。爱迪生的灯泡采用的是碳化灯丝，其平均发光时间为40小时，足足比艾奇逊夫人的马兹达牌灯泡短了66年363天。灯丝的耐久性是早期灯泡设计所面临的主要问题。发明家试验了许多不同的材料，比如碳以及包括铂金在内的各种金属，但最终，钨的表现脱颖而出。

白炽灯的现代形式是20世纪的产物之一，其中最关键的就是钨丝的使用。

——《现代日常发明百科全书》（2003），戴维·科尔等著

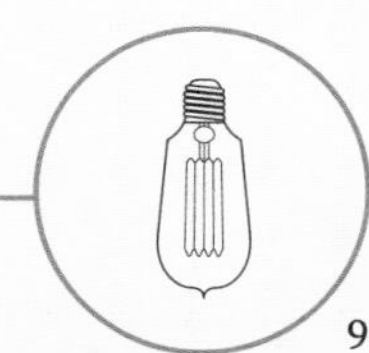

马兹达牌钨丝灯泡最早出产于 1909 年，其生产厂家为薛尔比电气公司，之后通用电气公司并购了该公司。不过世界上最早的钨丝灯泡并不是马兹达牌钨丝灯泡，而是出自匈牙利人亚历山大·尤思特（1872—1937）和克罗地亚人弗拉尼奥·哈纳曼（1878—1941）之手。1904 年，通斯拉姆公司的钨丝灯泡在欧洲市场面世。这种灯泡的亮度和寿命要优于以往的灯丝，然而通用电气公司的研究主管威廉·柯立芝（1873—1975）于 1909 年发明了“延性钨”，进一步完善了这种灯丝。

灯泡发展史

- **1802 年** 铂丝
- **1809 年** 炭弧灯
- **1874 年** 碳纤维灯丝
- **1878 年** 充气灯泡
- **1880 年** 爱迪生灯泡
- **1904 年** 钨丝灯泡

（右图）现代钨丝白炽灯灯泡

（下图）早期碳丝灯。这种灯泡容易熏黑，亮度也低。

解析

钨丝灯泡

[A] 玻璃灯泡
[B] 惰性气体或者真空
[C] 钨丝
[D] 接触导线
[E] 盖子
[F] 电触点

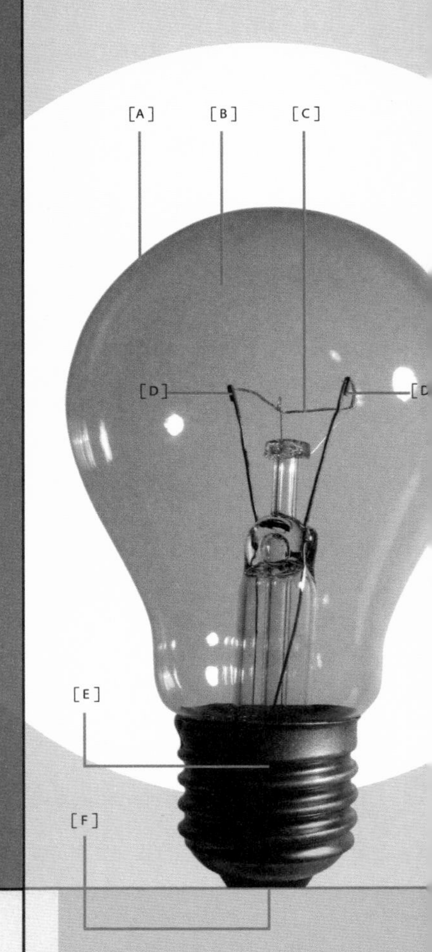

相较于其他材料，钨丝有着更高的耐用性和亮度。

实用工程学已走过了一个世纪的历程，而钨丝白炽灯泡则是这途中的一个奇迹。起初，吹制完美的玻璃球体的作用是对灯泡进行真空保护，防止灯丝在短时间内燃烧殆尽，使其燃烧时间延长到几个小时。尽管如此，此类灯泡仍然面临两个主要问题，即玻璃内侧因烟尘沉积被熏黑以及亮度不足。尽管尤思特和哈纳曼曾试验过把惰性气体充入通斯拉姆灯泡内来改善灯泡的亮度和灯壁熏黑问题，但真正解决这些问题的则是通用电气公司研究员欧文·朗缪尔（1881—1957）。1913年，他成功制造出了充满氩气这一惰性气体的马兹达灯泡。加上其他几项细微改进，钨丝灯泡步入了21世纪。相对于之前的其他照明方式如蜡烛、煤油灯和煤气灯，白炽灯是一项巨大的进步，但它产生的更多是热量，而不是光能。它的发光效率很低，40瓦钨丝灯泡的发光效率为1.9%，100瓦钨丝灯则为2.6%。因此，大多数发达国家都已开始逐步淘汰钨丝灯泡。

主要特征：

钨丝灯泡

白炽灯泡的历史实际上就是对耐用且明亮的灯丝的一场的探寻之旅。通斯拉姆灯泡实现了这一点，但通用电气公司的柯立芝最终完善了这一结果。柯立芝发明了“延性钨”。这种钨丝可以绕成螺旋状，增加了灯泡的亮度和耐用性。

钨丝的一端与接触导线相连。

由匈牙利人设计的通斯拉姆灯泡是世界上第一只钨丝灯泡。

设计者：

阿尔蒙·斯特罗格

烛台式电话机

生产商：
自动电气公司

1905

阿尔蒙·斯特罗格

19 世纪后期，电话实现了商业化。它给社会和经济领域所带来的深远影响无论我们如何赞誉都不为过。斯特罗格所发明的步进式开关使自动拨号成为可能，借助这一设备，固定电话终于能够充分发挥其潜力。在斯特罗格自动电气公司推出交换机的同时，旋转式拨号电话也随之面世。在 20 世纪后期出现按键式电话之前，这种电话一直被当作电话的标准。

发明专利混战

19 世纪晚期，当时社会的一大特征就是频发而又激烈的专利诉讼，尤其是与关键媒体和通讯设备相关的发明专利诉讼。有的时候，这些争端有时甚至会持续长达几十年之久。这充分体现出，如果一项发明是以已论证成立的理论原则为基础，采用现有元器件制造出来的，那么要判定它的独创性是多么困难，因为其理论原则常常会促使相似发明在同样的时间诞生。这些激烈的专利诉讼还体现出对于某些发明，首批将其实现商业化的个人和企业将从中获得多么巨额的经济收益。在这个时期，固定电话这一发明大概是争夺最为剧烈的专利，即使到了今天，对于到底谁是电话发明人的论证仍然能在不同专利主张人的支持者之间引发巨大的争论。

随着 1839 年发射莫尔斯电码的有线电报在英国首次实现商用，发明家们开始研究如何通过它的电线连接来传递人类的声音。对于曾参与固定电话发明的人当中，值得一提的包括查尔斯·布瑟尔（1829—1912）、约翰·瑞斯（1834—1874）以及安东尼奥·穆齐（1808—1889）。布瑟尔生于比利时，长于法国，他于 1854 年发明了通断式电话。瑞斯则是德国人，他于 1860 年发明的瑞斯式电话为英文带来了“Telephon”即“电话”一词。穆齐是意大利人，他于 1871 年在美国专利局为自己 1854 年发明的电磁语音传输器提交了排他性专利保护申请，但只获得了专利准特许权。

当然，在美国参与电话专利竞争的主要

安装无可比拟的自动无限隐私服务，实现完美电话服务的真正价值。
——1910 年，一家使用自动电气电话的电话公司广告

后斯特罗格开关时代的交换机系统需要上百名接线员。

是亚历山大·格雷厄姆·贝尔（1847—1922）和伊莱沙·格雷（1835—1911）。贝尔和格雷于同一天分别递交了专利申请和排他性专利保护申请，前后只差几个小时，因而有人提出其中涉及盗窃和专利欺诈，甚至有阴谋论来解释为什么贝尔最终在专利之争中战胜了格雷。然而尽管对此类纠纷来说看似平常，但成功者同时也是最先推出实用设备，将其投入市场的人。

“更少的接线姑娘，更少的脏话，更少的故障以及更短的等待时间”

电话线一开始的时候是一对一安装的，两个用户直接相连，中间不进行交换。打电话时，一方不断使对方电话响铃，直到对方接起电话为止。假如这种情况延续了下来，那就意味着今天我们的城市已经被一层密不透风的电话线网所覆盖。事实上，早在1878年，以当时的电报交换机为基础的第一台电话交换机就投入了使用。各位读者也许曾在老电影或者历史剧中见过早期的交换机。其操作十分简单——打电话者先接通接线员，后者则回答：“请说号码。”

接线员把一对电话线插头插入交换机面板，使通话双方建立连接。用户数

电话发展史

- **1854年** 孤注一掷的电话
- **1860年** 瑞斯式电话
- **1876年** 贝尔/格雷电话的美国专利
- **1877年** 碳粒传声器
- **1877年** 第一条长途电话线
- **1878年** 交换机
- **1891年** 斯特罗格开关
- **1905年** 自动拨号的烛台式电话

量不多的情况下，这个系统运行还算顺畅。但随着电话线路数量的不断增加，尤其是首批长途电话线路的出现，人们显然开始需要一种更加迅速与高效的方式来连接通话用户，而最终，这意味着通话连接的自动化。

有关自动交换机的由来，传说是这样的：在 19 世纪 80 年代末，堪萨斯城一家殡仪馆的馆长阿尔蒙·斯特罗格（1839—1902），认为一家竞争对手的公司窃取了他的业务。他之所以这么想，是因为那家公司老板的妻子是当地的电话接线员，她将打给斯特罗格的电话转到了自己丈夫那里。这促使斯特罗格设计出了一个自动拨号系统，这样打电话的时候就不需要人工接线员了。他所设计的系统也就是后来所谓的“斯特罗格开关系统”，也是第一批自动电话交换机的基础。得益于此，旋转式拨号电话也应运而生，风行世界八十多年。1892 年，斯特罗格在印第安纳州拉波特开办了第一家交换机公司，为 75 位用户提供服务。他常常夸耀自己自动电气公司的交换机拥有“更少的接线姑娘，更少的脏话，更少的故障以及更短的等待时间”。

Automatic Telephone

Long Distance Service

To Our Visitors:

Your independent telephone in Peoria, Bloomington, Joliet, Aurora, Elgin, Clinton (Ia.) and intermediate points is now in instantaneous communication with 40,000 Automatic telephones in Chicago.

If you are an independent telephone user in Illinois or surrounding states, you may now call your home town from Chicago via Automatic long distance service. Just place your finger on the dial in the opening marked "long distance," give a complete turn, release the dial, and you are instantly connected with long distance service.

For complete information and rates on Long Distance service call (LONG DISTANCE) on the dial. Remove the telephone from the hook before operating dial.

Illinois Tunnel Co.

162 W. Monroe St. Chicago, Ill.

Contract Department 33-111

(59)

自动长途电话服务

致读者：

皮奥瑞亚、布卢明顿、乔利埃特、奥罗拉、埃尔金、（艾奥瓦州）克林顿以及中间地区的独立电话，现可与芝加哥的 40000 部自动电话进行即时沟通。

只要您是伊利诺斯州及其相邻州的独立电话用户，现在就可以通过自动长途服务从芝加哥拨打电话给家人。仅需将手指放在“长途”键上，完整地转动一圈后松开按键，您就可以享受到长途电话服务了。

有关长途电话服务的完整信息以及资费服务可以拨打键盘上的“长途”键。拨打电话之前，请从挂钩上摘下话筒。

伊利诺斯州隧道有限公司

合同部 33—111

芝加哥门罗西街 162 号

斯特罗格式开关更适用于较小的电话交换局。大型的城市电话交换局仍然采用人工接线员。

自动交换机保证了通话者的隐私，并且提高了拨号速度。

电话的快捷性与私密性深刻改变了人与人之间的关系。

专用线路

尽管电报给世界带来了第一个大众电信系统，但是它有着非常严重的局限性。电报只能传播文字，而且收费高昂，信息内容还必须尽量简短。同时，由于信息内容需要电报收发员在接收到莫尔斯电码之后将其转换成明文以便投递，因而没有任何私密性可言。在斯特罗格式开关发明之前，由于私人通话总有被接线员旁听的风险，电话也同样遭受着私密性无法保证的困扰。

由于担心自己的业务遭人蓄意妨碍，斯特罗格有了实现自动电话交换的想法。而对于商业用户来说，该交换系统的私密性无疑是一大特色。这样他们跟客户的对话内容不但能保密，而且也比电报要长得多。新业务在电话的刺激下慢慢地发展起来。自动化的出现也加快了电话的普及速度，这对商业用户来说也是一大优点。

但是受电话影响最深远的也许应该是社交领域。由于电报的费用太过昂贵，人们只有在紧急情况下才会使用。而要想与家人和朋友保持联络，剩下的唯一手段就是写信。电话给人们带来了一种直接而密切的沟通方式，后世的社交网络形式即发端于此。

解析

烛台式电话机

最初，斯特罗格自动电话并没有旋转式拨号盘，电话上有一个按键，呼叫者必须按出正确的次数，交换机上的开关才能实现“步进”，并与被呼叫方接通，这仿佛是对很久之后才会出现的按键技术的预言。1896年，自动电气公司首次推出了转盘拨号电话。这种电话一直到20世纪晚期才退出历史舞台。本文介绍的烛台式设计约出现在1905年，其最大的特征是10个好像“指节铜环”一般的拨号孔。这10个拨号孔分别代表数字0—9，另外，拨号盘上还有一个拨号孔用于拨打长途电话。之后型号的电话都采用了10个拨号孔的标准，这其中就包括那些拨号盘上带有醒目的奔驰车标的电话。此类电话以烛台为原型，送话器位于顶部，挂钩和可拆卸听筒位于侧面。其响铃为壁挂式独立单元，通过电线与电话底座相连。

[B]

[C]

[A]

[A]“指节铜环”式 11 孔拨号盘

[B] 话筒（送话器）

[C] 听筒（受话器）

主要特征：

斯特罗格步进式开关

斯特罗格系统的主要特征并不在于其电话本身，而是其自动切换机构的设计，这可以取代接线员进行电话交换。该开关拥有一个 10x10 接点矩阵，电话线路则与该矩阵相连。呼叫方拨打一个号码后，一个带电接点的旋臂会“步进”端列，直到它够到与第一位拨号数字对应的端列。对于剩余的拨号数字，这个过程也不断重复，直到通话双方之间建立连接。通话结束后，开关得到释放，返回起始位置。

斯特罗格选择器总成，其接点矩阵与电话线相连。

设计者：

蔡尔德·哈罗德·威尔斯

福特 T 型车

生产商：
福特汽车公司

工业

农业

媒体

交通运输

科学

计算机信息处理技术

能源

家用

1908

虽然亨利·福特既不是美国第一家汽车制造商，也不是最早采用批量生产的人，但他却创造出了世界上第一款畅销车型。他的成功不仅使福特汽车公司成为产业龙头，而且还以他自己也未曾预想过的方式深刻改变了整个社会。尽管汽车为我们带来了经济的发展和行动的自由，但同时也令我们深受污染和交通堵塞之苦。

汽车行业的井喷与泡沫

19 世纪末期，北美和西欧城市规划者最头疼的既不是环境问题，也不是恶劣的卫生条件，更不是过度拥挤的贫民窟，而是马匹。截至 1880 年，世界各大都市都深受马车数量过多之苦。纽约、巴黎和伦敦市政府甚至接到预警说到 1930 年，其城市街道将会消失在 9 英尺（约 2.7 米）深的马粪中。仿佛他们的祈祷得到了回应，1886 年，卡尔·本茨（1844—1929）生产出了世界上第一台配有汽油发动机的商用汽车——奔驰一号。奔驰一号有着很高的座位和超大的后轮，看起来非常像是单马拉的轻便马车，只不过拉车的马不知道半道儿跑到哪里去了。虽然这款汽车既不美观又笨重，但它宣告了汽车时代的开启。

汽车工业最初几十年的发展与 20 世纪 90 年代互联网经济的井喷和泡沫破裂相似，无数风华正茂的发明家和工程师充满了理想主义。他们预见到了汽车的巨大潜力，但是他们的梦想却超出了当时的材料科学技

亨利·福特

1863-1947

我要为大众制造一款车。它既有足够大的空间可以坐进一家人，又能让人人都开得起，保养得起。而且它……的价格还十分便宜，任何一个收入体面的人都不会买不起。

——《我的生活与工作》(1922)，亨利·福特著

术以及道路和汽油基建设施水平（汽油最初是一种清洁产品，通过药店销售）。同时，他们还高估了市场的规模。第一批汽车产品都是手工小批量制作的，购买者则都是经济优渥的汽车爱好者以及发烧友。即使身为当时汽车制造商中的领军人物，本茨在1886到1893年之间总共才销售了25辆汽车。但这种形势并未吓倒那些工程师和发明家。他们前仆后继地进入了这一产业，除了内燃机技术之外，他们对包括蒸汽、电动甚至早期混合动力在内的发动机技术进行了广泛的试验，使用的燃料也是五花八门。然而，就像任何新技术的投资“泡沫”一样，最初的繁荣过后，许多公司都走向了破产，粉碎了年轻企业家的梦想，同时也让投资者的资金打了水漂。

投资于福特之梦

1903年，律师贺拉斯·莱克姆（1859—1933）来到银行就一个潜在的投资项目进行咨询。投资对象是50股普通股，价格为每股100美元。资金将被投入他的朋友兼客户亨利·福特（1863—1947）正在开办的一家新汽车公司。对此，银行一位未留下姓名的经理不屑一顾地回答他说：“马车已然受到大众认可，而汽车则不过是一种奇巧之物，仅仅是一波风潮而已。”然而对于莱克姆来说幸运的是，他看中了这项投资可能为自己带来的可观收益，所以并没有听从这个银行经理的建议，而是从银行收回了自己的资金，另外还卖出了自己的一些房产，凑足了这5000美元。不过，他对于福特汽车公司的投资实际上有着巨大的风险。

亨利·福特的父亲是爱尔兰人，母亲则是比利时移民的后代，两人在密歇根州底特律附近的格林菲尔德做农民。他们希望亨利能够接手自家的农场，但是亨利的兴趣和抱负却不在于此。16岁那年，福特前往底特律并成为一名机械师学徒。之后他返回家里的农场生活了一段时间，然后从诸位读者已耳熟能详的一个人——托马斯·爱迪生（1847—1931）——那里得到了一份工作，

亨利·福特尝试制造的第一辆汽车便是1896年面世的福特四轮车。

一款装配着“大炮式”轮胎的福特T型车。

成为爱迪生照明公司的一名工程师。

1893年，福特被提拔为公司的总工程师，但是他在业余时间常常利用当时欧洲新出产的内燃机进行实验。1896年，他制造出了自己的第一辆车——福特“四轮车”。只不过这款车只能算是带马达的自行车，还算不上真正意义上的汽车。

1899年，福特决心进入正在蓬勃发展的汽车市场，于是他离开了爱迪生的公司，并创建了底特律汽车公司。他雇佣了柴尔德·哈罗德·威尔斯（1879—1940），后者后来在福特车型的设计中扮演了重要的角色。但底特律汽车公司倒闭了。接着福特于1901年成立了亨利·福特公司，并在1903年将其更名为福特汽车公司。就是在这个时期，福特意识到，与其制造高性能的赛车和跑车，不如制造“一款属于大众的汽车”。

美国汽车

杜里埃汽车 **1893年**

福特四轮车 **1896年**

帕卡德A型车 **1899年**

奥兹莫比尔弯挡板汽车 **1901年**

凯迪拉克小型单座敞篷 **1902年**

凯迪拉克A型车 **1903年**

福特A型车 **1903年**

福特T型年 **1908年**

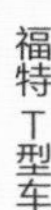

打开T型车前面的发动机盖可以看到里面的发动机。曲柄用于启动发动机。

工人的福特

几次经营失败之后，福特将一切，不管是自己的名誉还是财产，甚至包括投资人的钱，都押在了福特汽车公司将要生产的第一款车——A 型车上。最终，他赢得了这场赌局，卖出了 1700 多辆汽车，保证了公司的未来。随后，福特迅速扩张，速度无异于坐上了火箭。1904 年，福特加拿大公司成立；1906 年，福特跻身美国最畅销汽车品牌，销售出了将近 9000 辆汽车；1909 年，福特英国公司成立，并于 1911 年在英国曼彻斯特成立了福特的首家海外工厂；1913 年，福特建立了福特阿根廷汽车公司，在南美洲市场站住了脚跟。

在 1903 到 1908 年之间，福特和威尔斯共同设计了九款车型，每款都以一个字母命名，不过其中有些车型仅止步于原型车阶段。1908 年，福特开发出了 T 型车。这款车的生产一直持续到 1927 年，而且其全球销量高达 1500 万辆之多。尽管在福特之前，奥兹莫比尔就在美国发明了批量生产方式或曰自动组装生产线，但福特在海兰帕克的工厂以更大的规模更严格地推行了这一生产方式。截至 1914 年，每台 T 型车的生产时间已经从 12.5 个小时下降到了 93 分钟。

解析

福特T型车

[A] 散热器　　[E] 转向杆
[B] 发动机舱　　[F] 方向盘柱
[C] 曲柄　　[G] 方向盘
[D] 前桥　　[H] 仪表盘与挡风玻璃

T型车的外观与普通汽车相差不大，同样装备了前置发动机、底盘、踏板、方向盘和四个车轮。但外观是可以有欺骗性的。T型车没有电池，所以司机需要手摇散热器前面的启动柄，通过磁电机来启动发动机。由于发动机有可能会“反冲”，所以司机要利用手掌握着启动柄，以免伤到拇指。阻气门通过散热器底部的电线实现操作，以便摇动曲柄时使用。直列式四缸发动机启动后，可以实现40—45英里（约64—72公里）的最高时速，燃料消耗量则为13—21英里/加仑（约4.6—7.4公里/升）。T型车与现代汽车最大的区别在于驾驶方面。司机驾驶T型车需要使用三个踏板（用于高低速档、倒车档和发动机制动器）以及两个杆（手刹和油门杆）。要挂低速档，司机需要把手刹置于中间位置或者完全向前，并踩下左边的踏板；要挂高速档，司机则需要把杆向前推，使左踏板抬起。

主要特征：

行星齿轮传动系统

T型车尽管名义上具有三个速度档位，但实际上它只有两个前进挡，即高速档和低速档，剩下一个档位则是倒档。其主要制动机构是位于传动系统上的发动机制动器。T型车的行星齿轮传动系统与车上的其他零部件一样，都是采用先进的热处理钒钢合金制造而成的。

早期发动机发动时要用曲柄，而且经常会产生“反冲”。

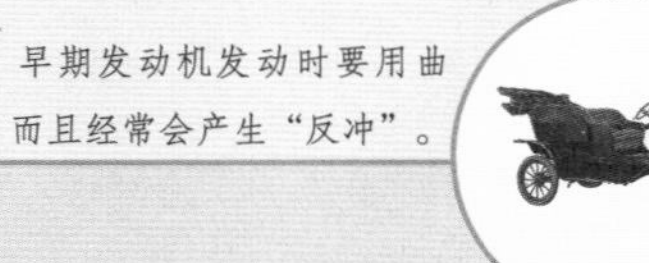

设计者：
詹穆士·马瑞·斯潘格勒

胡佛吸尘器

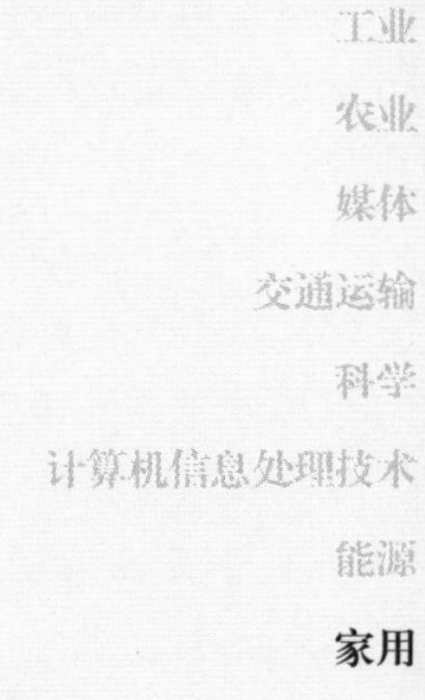

生产商：
胡佛吸尘器公司

1908

20 世纪初，众多节约劳动力的设备如雨后春笋一般纷纷涌现，女性的生活方式亦随之开始发生改变。作为史上第一台直立式电动真空吸尘器，胡佛吸尘器便是其中之一。尽管一开始的销售情况并不理想，但胡佛吸尘器是最早采用居家试用这一营销策略的产品之一。

从枕套到财富

胡佛的故事充满了正能量。虽然这算不上是个“白手起家”的故事，而更多讲述的是一家小镇企业如何成长为跨国公司，但仍可谓是个“美国梦”成真的典范。美中不足的是，实现这梦想的人并不是发明了世界上第一台电动直立式真空吸尘器的詹姆斯·默里·斯潘格勒（1848—1915），而是他的亲戚、出资人兼合伙人威廉·H. 胡佛（1849—1932）。在英国，胡佛的英文 Hoover 同时还有着真空吸尘器的意思。

根据胡佛公司网站的介绍，斯潘格勒曾经在俄亥俄州的坎顿做清洁工。这一点不假，但是它没有提及斯潘格勒同时也是一名发明家，名下拥有多项农业机械专利。可惜的是，斯潘格勒并不善于经商，也未能借助自己的发明一夜暴富。因此，他才会在接近耳顺之年拖着身患哮喘的病躯，在佐林格百货公司做清洁工。但是每当斯潘格勒在商店清扫地毯的时候，哮喘症状都会加重，于是他决定制作一台电动清扫机，将呛人的灰尘收集到一个袋子里。他先是制作了一台手动旋转式扫地机，后来又在机器上加装了缝纫机电机和皮带以便转动清扫机的刷子，并为风机提供动力，好将灰尘吹进枕套里。1907 年，在确定了吸尘器的原理之后，他改进了设计并申请了专利，建立了电动吸尘器公司。1908 年，他的专利申请获得了批准。

仅用不到一美分的成本，就可以彻底清理任何房间。只需将电线插入插座，打开电源即可开始清理地毯。刷子迅速旋转，刷起灰尘，并将其吸入尘袋中。

——《好管家》1908 年刊登的“免费居家试用”广告

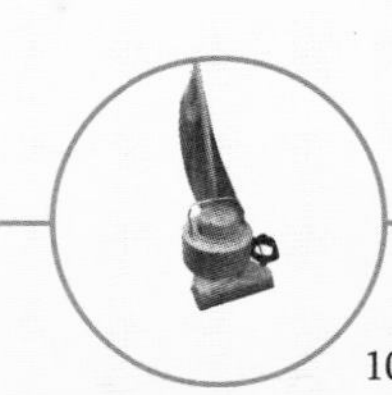

从居家试用到世界第一的吸尘器制造商

令人遗憾的是，斯潘格勒迟钝的商业嗅觉再一次令他失望了。他没有足够的资金来实现吸尘器的大批量生产。不过他向表妹苏珊·胡佛演示了自己的机器。这给苏珊留下了十分深刻的印象，并告诉了自己的丈夫——威廉·胡佛。威廉在坎顿北部经营着一家马具店。受到汽车日益普及的影响，他的生意也日渐不景气起来，因此他一直在寻找新的投资项目。于是他买下了斯潘格勒的专利，并投资了他的公司。后来，这家公司的名字改名为胡佛吸尘器公司，斯潘格勒也变身为胡佛的雇员，并进一步改进了自己的发明。但 1915 年，斯潘格勒在准备出发享受自己的首个假期的前夜突然去世。

胡佛吸尘器领先于所有同类产品，正如它的广告所言：“一扫而过，干干净净！”然而一开始，它的销量并不理想，于是胡佛想出了一个免费试用 10 天的推销主意。客户如果对吸尘器不完全满意，只需要支付退货的邮费即可。借助这个策略，胡佛在接下来的十年内成功将公司发展成为一个世界领先的品牌。胡佛的幸运之处在于他正好在妇女的社会角色发生变革的时候将这一节约人力的家用电器推向了市场。第一次世界大战期间，劳动力的短缺迫使大量女性走上了工作岗位。同时，妇女解放运动等社会潮流以及家政服务的出现使得真空吸尘器在 20 世纪 20 年代深受家庭妇女的欢迎。

吸尘器发展史

- **1868 年** “旋风”手动真空吸尘器
- **1876 年** 比塞尔地毯清扫机
- **1899 年** 气动地毯更新器
- **1901 年** 帕芬比利吸尘器
- **1908 年** 胡佛吸尘器

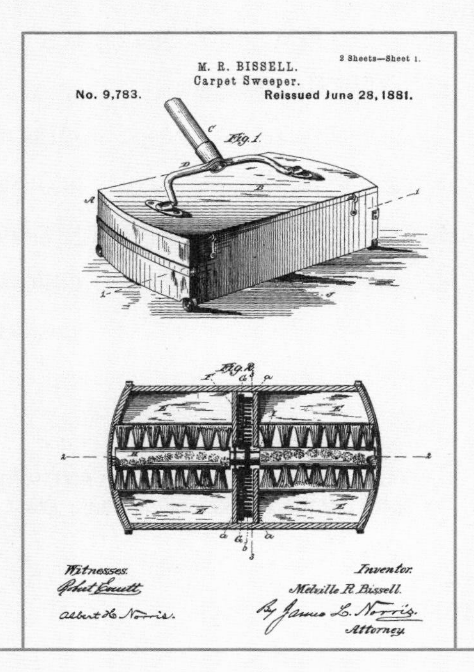

在吸尘器问世之前，大部分家庭主妇用的都是手动清扫器，如图中所示的1881 比塞尔清扫机。

解析

胡佛吸尘器

虽然在广告中被称为“这台小机器”，但胡佛0型吸尘器其实是一台重达40磅（约18公斤）的庞然大物，单单是使用它，就是一场强度不小的体能锻炼。尽管如此，比起手动清理地毯或者把地毯挂在屋外敲打，吸尘器看起来肯定像是个神器。同时与早期安装在马车上的电动真空吸尘器相比，胡佛吸尘器的紧凑程度令人惊讶。

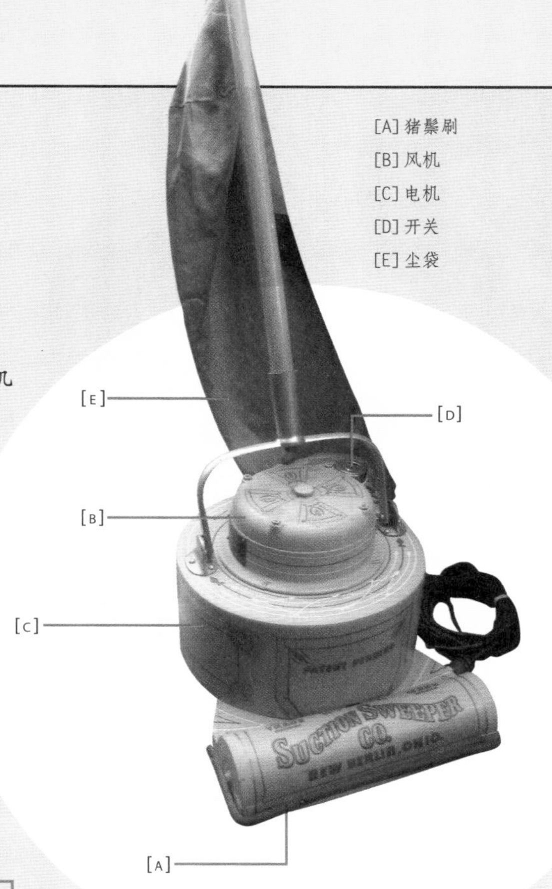

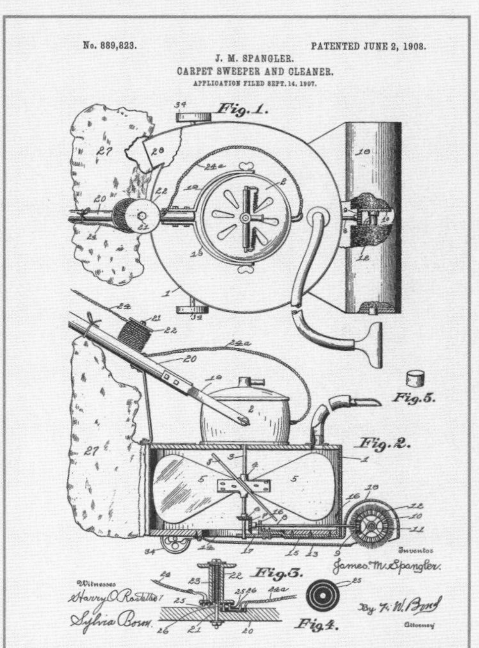

尽管后来直立式吸尘器的体积变得越来越小，重量越来越轻，吸力也越来越强劲，但在20世纪无袋真空吸尘技术出现之前，直立式吸尘器基本上一直遵循着斯潘格勒的原设计思路不变。机器前方的刷头转动，刷出地毯中的污垢，然后电机驱动风机将灰尘吸入袋子中。

詹姆斯·斯潘格勒在1907年9月提交的专利申请。

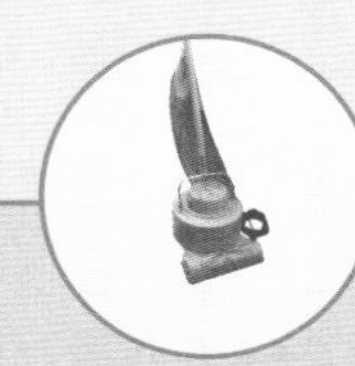

设计者：

本杰明·L.霍尔特

霍尔特履带式联合收割机

工业

农业

媒体

交通运输

科学

计算机信息处理技术

能源

家用

生产商：
卡特彼勒公司

1911

在亨利·福特通过其汽车装配流水线给美国工业带来革命性变革的同时，本杰明·霍尔特亦推出了第一款机动式内燃联合收割机，深刻地改变了美国的农业，其影响之深远丝毫不亚于前者。在农业机械化的快速发展下，农业劳动者迁徙到了城市，去寻找新的就业机会。

本杰明·霍尔特

消费文化

从史前开始，在人类历史上的很长一段时间内，大多数劳动人口的主要职业就是生产以各种如欧洲和北美洲的小麦和大麦等谷物为主的粮食。据估计，1800 年，美国人口的百分之九十都是农民。19 世纪早期之前，谷物的生产完全依赖人畜的劳动。农民借助耕牛、骡子和马匹耕垦土地，挥舞镰刀收割庄稼，打谷脱粒的方法也几近千年未变。第一次工业革命影响了社会的方方面面，农业亦不例外。其机械化发端于一款 1799 年在英国取得专利的收割机。不过，农业收割技术的首个重大突破则是 1835 年海勒姆·摩尔（1801—1875）设计的第一台马拉的联合收割机。

19 世纪末期，两个国家引领了农业机械领域的发展潮流。一个是当时的科技超级大国英国，另一个则是美国。其农业产业不仅体量巨大，而且也在不断增长。在 19 世纪八九十年代，大西洋两岸都有公司研发出了新型农业机械，这其中就有霍尔特兄弟。他们的公司位于旧金山附近，主要生产木制车轮。弟弟本杰明·霍尔特（1849—1920）被公认为智商最高、能力最强，而且在机械方面也最具天赋。1886 年，他设计了一台链带式联合收割机，机器的车轮与柔性链带相连，为机器提供动力。1891 年，他又发明了自动找平技术，采用该技术可以收割斜坡上的庄稼。不过，其新型联合收割机的体型却过于巨大，要 20 匹马或骡子才能拉动。要想克服这个短板，就要找到一种替代能源。在当时，蒸汽就是问题的答案所在。

谷物收割机械的发展，特别是收割机和脱粒机，是 19 世纪的一大亮点。机械化被认为是小麦生产优势的主要来源。

——《二十世纪的美国农业》（2002），B. 加德纳著

牵引的力量

1892 年，霍尔特的第一台蒸汽动力拖拉机研制成功。这是一台重达 24 吨的巨兽，安装在巨大的铁轮上。虽然速度缓慢，但是它可以拉动 50 吨的重量，并且其收割成本比马匹拉动的联合收割机更经济。然而，拖拉机过高的重量意味着它并不适用于松软的地面。1903 年，霍尔特前往英国学习最新的农业技术。

返回美国后，霍尔特有了一项全新的发明。尽管很快就会与一名英国发明家发生专利纠纷，但这项发明不仅将为他的公司展开全新的一页，而且还将定义一种全新的机械类型——卡特皮勒履带车辆。直至今天，在重大建筑工程工地和军用车辆领域，我们仍能看到这种车辆的身影。这项发明对霍尔特的公司有着举足轻重的重要性。因此在 1911 年，霍尔特决定将公司更名为霍尔特·卡特彼勒公司，这就是今天广为人知的 CAT 公司的前身。同样是在 1911 年，霍尔特还实现了另一个突破，他设计出了世界上第一台完全依靠内燃机提供动力的联合收割机。相比蒸汽发动机，内燃机的优点在于更小的机器重量和尺寸，以及更高的燃油效率。霍尔特的这些创新将大幅减少农业对工人的需求，迫使他们移居到新兴工业城市去寻找工作。

联合收割机

- **1799 年** 收割机
- **1826 年** 贝尔收割机
- **1831 年** 弗吉尼亚收割机
- **1835 年** 摩尔马拉联合收割机
- **1872 年** 割捆机
- **1911 年** 霍尔特联合收割机

在第一次世界大战期间，霍尔特·卡特彼勒公司为协约国做出了重大贡献。他们的拖拉机被用来运输沉重的装备和人员。

霍尔特履带式联合收割机

[A] 汽油发动机
[B] 脱粒机
[C] 履带
[D] 逐稿器
[E] 旋耕机轮

虽然霍尔特·卡特彼勒联合收割机的基本操作类似于马拉或蒸汽机牵引的联合收割机，但它却是第一台完全依靠内燃机提供动力的联合收割机。不同于现代收割机前置的收割台设计，霍尔特·卡特彼勒联合收割机的收割台位于机器侧面。收割台将农作物输送到机器内部的脱粒装置中，将粮食与茎秆分离。之后筛子将粮食筛出并存储起来。存储箱满了后，卸料机将其中的粮食排空到拖车上。由茎秆和其他废物组成的谷壳通过逐稿器分离，并经撒播机撒播到地里。

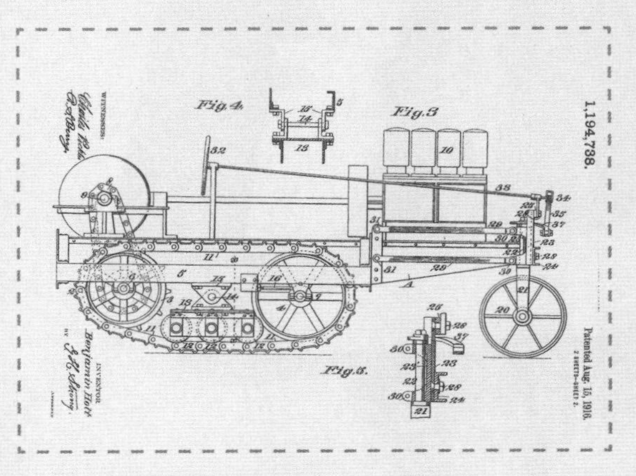

本杰明·L.霍尔特非常保护自己的设计，面对竞争对手的侵权行为从不露怯。

设计者：

阿伦佐·德克尔

百得电钻

生产商：
百得制造公司

工业

农业

媒体

交通运输

科学

计算机信息处理技术

能源

家用

1917

随着交流电源的普及以及小型实用电动机的发明，进入千家万户的不仅仅是电力照明，还有一系列由电力驱动的节省劳动力的设备。在最早问世的一批设备中，我们可以看到百得电钻的身影。

风险自负

威胁民众健康的并不仅仅有墨西哥湾的石油钻探行为。发达国家的健康与安全统计数字显示，在自行进行家庭装修的人群当中，也就是英国人眼中的 DIY 爱好者当中，因使用电动工具而受到严重甚至是致命伤害的人数高达数千人。在一系列给人造成伤害的电动工具当中，名列榜首的就是近一个世纪以来最受人们信赖的好伙伴——电钻。在装修当中，除了从梯子上摔下来受伤的和被电钻钻伤的，发生几率最高的就是用电钻误钻埋有电线的线路管。笔者本人就曾遭遇过这种事情。第一台手持电钻出现在 20 世纪早期。虽然在家庭装修中曾造成过不少伤亡，但它的出现掀起了一场建筑、维修和家装行业的革命，预示着数百种家用型工业机具的到来。

早在史前时期，人类就发明了手摇钻。到了古代，人们开始采用水力和风力为其提供动力。工业革命则见证了包括固定式蒸汽动力钻在内的工业用高精度机床的发明。但在 20 世纪 20 年代以前，并没有任何供小商人或家庭使用的便携式电动工具。1873 年，第一台实用电机问世，19 世纪 80 年代，则出现了稳定的电力供应。这二者为家电产品，如真空吸尘器，创造了一个全新的市场。在美国，人们有着自行建造与维护房屋的传统。对于任何一家能够将好设计推向市场的公司来说，价格低廉的便携式电动工具代表了一个绝好的商业机会，那些拥有好的设计的公司就能占领市场。凭借其功能的多样性和广泛的适用性，电钻成功跻身为世界上最早的便携式电动工具。

20世纪下半叶，在很多工业化国家，电钻和其他便携式手动工具在家庭工具箱中扮演着十分重要的角色。不过其基本设计的问世却远早于此，发明人则与当今世界家用电动工具领域的杰出制造商百得制造公司有关，他们就是该公司的创始人——布莱克与德克尔。

——《现代生活发明百科全书》（2003），D.科尔等著

梦想同路人

1906年，S.邓肯·布莱克（1951年去世）认识了自己后来的合伙人阿朗佐·G.德克尔（1884—1956）。当时，两人均供职于一家生产电信打印设备的公司。尽管他们两人都是公司的模范员工，但是升职的希望却十分渺茫。于是在1910年的时候，他们决定在美国马里兰州的巴尔的摩成立百得制造公司。如果说德克尔是两个人中的技术天才，那天生擅于营销的布莱克就是两人的商业智囊。由于现金紧缺，布莱克不得不将心爱的汽车卖掉才筹来第一笔资金1200美元，但之后，他又找到投资人，筹集到了3000美元。一开始，百得公司只是从其他公司接来订单进行订单式生产。但在1917年，他们向市场推出了一款便携式空气压缩机。这是百得公司第一款产品，标志着百得系列产品的问世。尽管这款产品的销售情况可谓中规中矩，但如果百得公司没有在同年稍晚些时候推出了由德克尔设计的史上第一款便携式电钻，那它也许是会破产的。凭借其独特设计，百得电钻很快便风靡全球，远销欧洲、澳大利亚和日本。20世纪20年代末，百得公司已拥有了好几家工厂，年销售额亦超过100万美元。

20世纪20年代初，百得品牌早已蜚声国际。

解析

百得电钻

一个现代电钻的剖面图，以及各种钻头。

尽管相对于今天我们所熟悉的流线型塑料无绳电钻来说，百得电钻显得既巨大又笨重，但在当时，它的紧凑程度却令世人十分赞叹。在德克尔设计的交直流两用电机的驱动下，钻头卡盘的转速可达每分钟1500转。钻头的安装方式与现代电钻相同，只需将其插入钻头卡盘，然后用卡盘钥匙固定。触发式开关是电钻唯一的控制器，位于枪柄式手柄内侧。通过这种手柄设计，操作人员可一手握住手柄，一手握住工件进行工作。

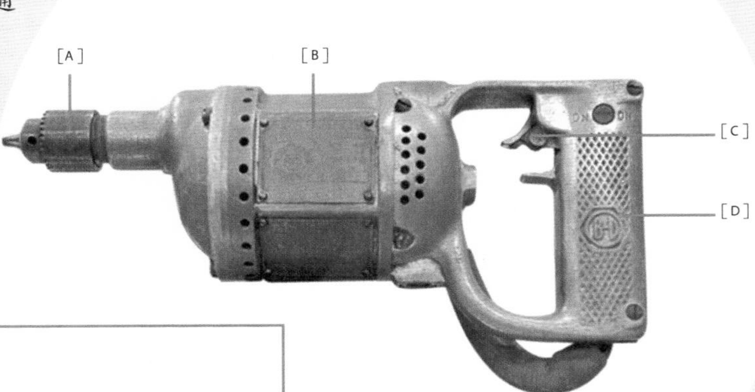

[A] 卡盘

[B] 电机舱

[C] 触发开关

[D] 手柄

主要特征:

触发开关

现在，触发式开关已成为所有机器和家用电器的标准配置，但在德克尔为自己的一体式触发开关申请专利之前，电动设备的开启和关闭通常是由两个开关分别控制的。触发式开关这一简单的创新大大简化了电动设备的设计，同时也方便了用户的使用。

28

设计者：

克里斯汀·斯廷拉普

美国通用电气公司督战号炮塔系列冰箱

生产商：
通用电气公司

工业
农业
媒体
交通运输
科学
算机信息处理技术
能源
家用

1927

通过防止食物腐败变质，冰箱可能比无数医护人员挽救的生命更多。虽然人工制冷早在19世纪末期在食品饮料行业就已经相当普遍，但是直到20世纪随着价格亲民的一体式电冰箱的问世，电冰箱优势才得以在千家万户中展现。

卖冰人的消失

19世纪以前，至少对于居住在冰雪丰富的高纬度地区的人们来说，整个冬天都是可以自由享受冷饮的。但是到了温暖的月份，冷饮却变成了一种奢侈品，只有最富有的人才能享用得起。用冰块来制冷的做法可以追溯到古代。人们在冬天收集冰块并将其存储到冰室或埋到深坑中以待夏天使用。然而由于隔热条件很差，相应的浪费是非常严重的。第一次工业革命期间，城镇人口大量增加，而第二次工业革命也大幅提高了人们的生活水平。人们希望能储存新鲜食物，将其从遥远的产地运输到城市，同时也希望能享用冷饮和冰品这样的奢侈品，因而对制冷的需求稳定增长。

由于没有任何机械手段能够制造冰块，人们唯一的选择就是大幅增加冰库的容量。19世纪末期，为家庭客户供应冰块已成为一门大生意。但是要保持用户家中

冰箱发展史

蒸气压缩式制冷 **1834年**

液体蒸汽式制冷 **1856年**

气体吸收式制冷 **1859年**

林德制冰机 **1876年**

通用公司奥迪夫伦冰箱 **1911年**

家荣华 **1918年**

通用公司督战号炮塔系列冰箱 **1927年**

您的厨房四季如夏，而50度以上的冰箱温度哪怕只提高一两度，食品污染的风险就将如影随形。

——1929年通用公司为督战号炮塔系列冰箱推出的报刊广告

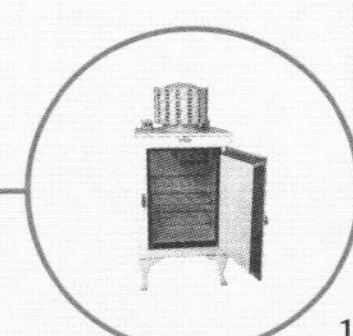

的“冰块箱”运转正常却非常耗费人力。随着需求的不断增加，在保证货源充足方面出现了种种问题。1834 年，机械制冷开始发展。这大大缓解了这个行业所面临的问题。19 世纪 70 年代，酿酒业成为首个大规模使用制冷技术的行业。十年后，肉类加工业亦加入了这个行列。对于家庭用户来说，工业制冷产品明显过大，而最早的家用制冷机则需要将冷却装置和冷却箱分离，前者安装在地下室，后者则位于厨房。史上最早的一体式冰箱诞生于 20 世纪初，其品牌包括北极、伊莱克斯以及家荣华。然而，由于冰箱的价格居高不下，甚至比家用汽车还贵，所以它的市场一直很小。1927 年，这一切终于得到了改观。当年，通用公司向市场推出了第一款督战号炮塔冰箱。这款冰箱的名称源于其冷藏室上方外露的压缩机，外观好似美国内战时著名战舰督战号的炮塔。这款冰箱的价格十分亲民，只有 529 美元，并且随时间的推移，逐渐下降到 290 美元。

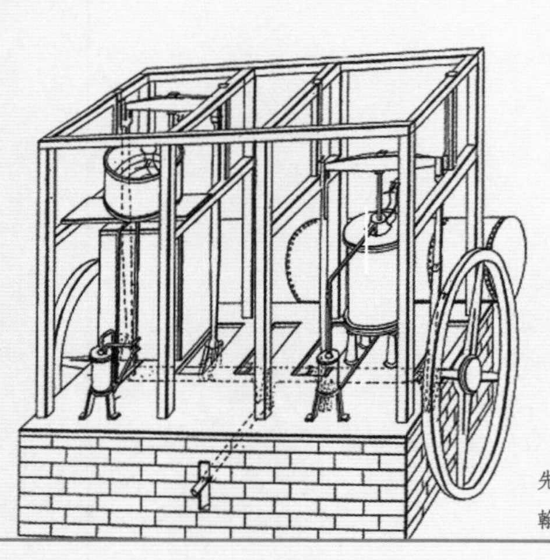

家用冰箱的先驱，1851 年约翰格瑞的制冰机。

解析

美国通用电气公司督战号炮塔冰箱

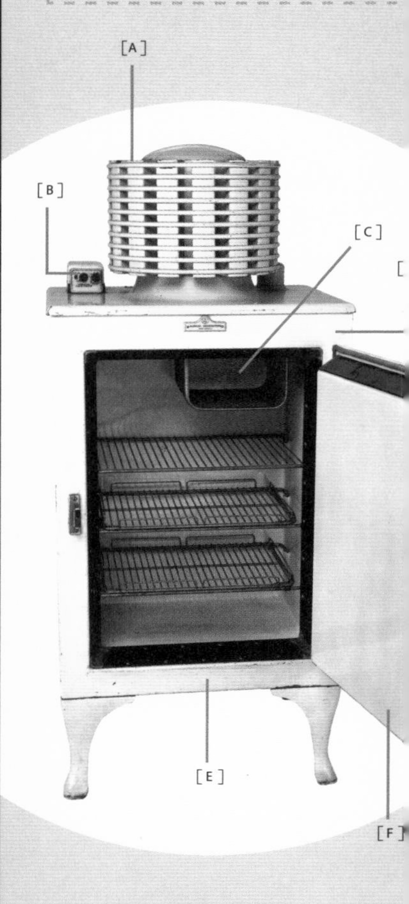

[A] 压缩机组
[B] 温度控制器
[C] 冰盒
[D] 全钢柜体
[E] 白瓷层
[F] 装有门锁的隔热门

冰箱利用的是热力学第二定律，即液体变成气体时会冷却。20世纪，绝大部分家用冰箱所采用的主要制冷技术一直是蒸汽压缩制冷。克里斯汀·斯廷拉普（1873—1955）为通用电气公司所设计的督战号炮塔冰箱是一款独立式冰箱，拥有钢制柜体，内外两侧则为白瓷。厚重的冰箱门配有锁闭机构，保证了冰箱良好的隔热性。在冰箱内部，小冷冻室的空间只够制作几盘冰块。另外还有三个架子提供存储空间。压缩机和温度控制器则位于冰箱顶部。这款冰箱有着齐本德尔式家具支架，外观跟床头柜或浴室柜更为相像。尽管如此，它的设计在1927年时却是相当先进的。在督战号炮塔冰箱问世以前，冰箱都是木制的，而督战号炮塔冰箱则完全为钢制。从1927年到1936年，通用电气公司生产出了不同大小的督战号炮塔冰箱，其款式有单门、双门和三门式。该冰箱使用了两种有毒制冷剂——二氧化硫或甲酸甲酯。20世纪30年代，无毒的氟利昂取代了这两种制冷剂。

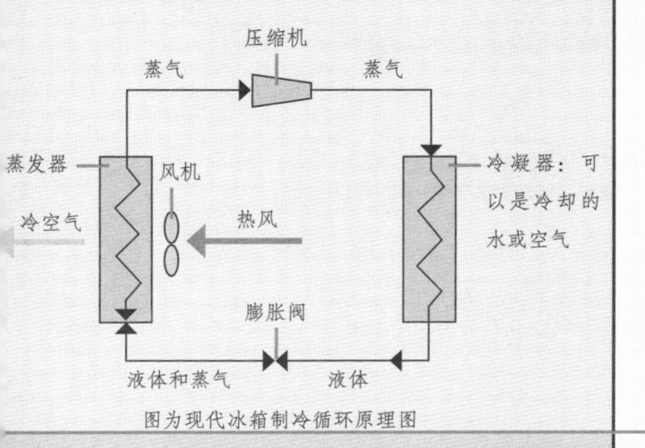

图为现代冰箱制冷循环原理图

主要特征：

冷凝机

该产品设计的标志性特点就是安装在柜体上部的封闭式冷凝器。由于它与美国内战时的第一艘装甲军舰督战号的炮塔非常相像，这款冰箱得到了“督战号炮塔”的绰号。

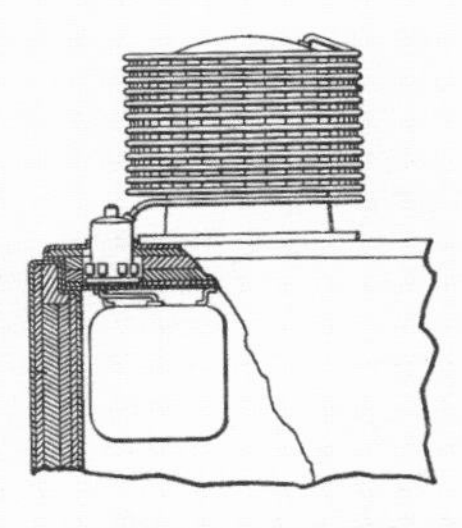

督战号炮塔冰箱顶部的冷凝器原理图（左图）。

现代冰箱安装在背部的冷凝器示意图（下图）。

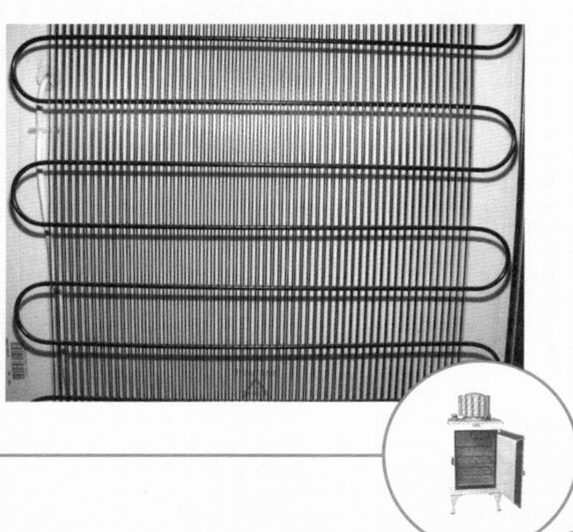

29

设计者：

路德维格·杜尔

齐柏林 LZ127 伯爵号飞艇

工业

农业

媒体

交通运输

科学

计算机信息处理技术

能源

家用

生产商：
齐柏林飞艇制造公司

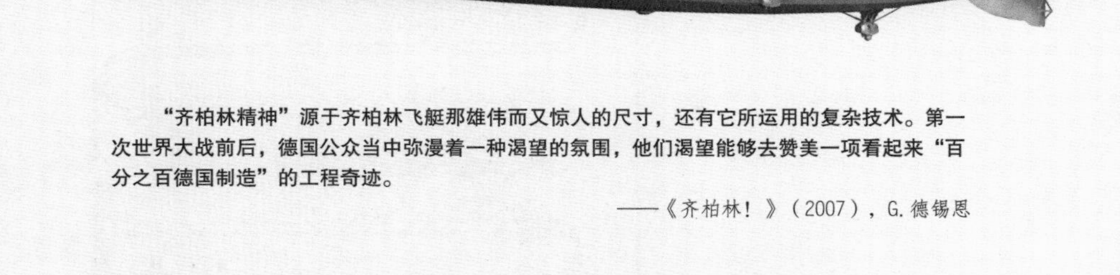

GRAF ZEPPELIN

D-LZ127

“齐柏林精神”源于齐柏林飞艇那雄伟而又惊人的尺寸，还有它所运用的复杂技术。第一次世界大战前后，德国公众当中弥漫着一种渴望的氛围，他们渴望能够去赞美一项看起来“百分之百德国制造”的工程奇迹。

——《齐柏林！》（2007），G.德锡恩

1928

1937年以前，真正的空中奇观并不是固定翼的重航空器，而是定期飞行的空中巨无霸——齐柏林飞艇。要不是遭遇了几起举世瞩目的空难和纳粹的忽视而未能延续至今，齐柏林飞艇很可能已经深刻改变了战后空中客运的格局。

路德维格·杜尔

空中麦哲伦

1929年，有史以来完成航班数和客运安全领域表现最成功的齐柏林LZ127伯爵号飞艇完成了史上轻于空气的航空器的首次环球飞行。其飞行时间共计12天12小时13分钟，旅程花费的总时间则为21天5小时31分钟。飞艇在返回起点新泽西州的莱克赫斯特之前，曾在中途停靠德国腓特烈港、日本东京以及美国的洛杉矶和加利福尼亚。

这次环球飞行的成功令飞艇的机长兼齐柏林飞艇制造公司领导人雨果·埃克纳（1868—1954）赢得了“空中麦哲伦”的美誉，在大西洋两岸亦获得了国际认可。美国媒体巨头威廉·兰道夫·赫斯特（1863—1951）为此次环球飞行提供了资金，而飞行的成功则保证了齐柏林飞艇制造公司及其客运业务的存续。

尽管1937年兴登堡号空难的发生令客

齐柏林飞艇的母港位于德国腓特烈港，它们就诞生在这里几座巨大的飞机棚内。

飞艇发展史

孟格菲号	1783年
蒸汽动力飞船	1852年
飞船1号	1898年
LZ1齐柏林号	1900年
鲍德温号飞船	1908年
齐柏林LZ127伯爵号飞艇	1928年

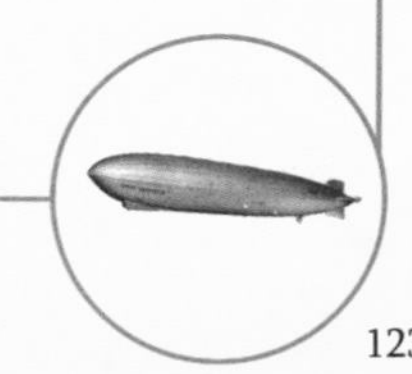

运飞艇背负上了永远的污名，然而我们不应忘记，早期的重航空器也曾发生过灾难性的空难。不过，飞艇难以摆脱的诅咒在于它依赖氢气为自身提供浮力，而氢气本身则是一种高度易燃的气体。尽管可以用氦气替代氢气，但氦气这种安全惰性气体的供应量极其有限。而且在 20 世纪 30 年代，全世界的氦气储量都控制在美国手中。尽管如此，齐柏林飞艇自身糟糕的安全记录并不能被视为这种技术在 1937 年后遭到遗弃的原因。齐柏林 LZ127 伯爵号飞行时间长达 9 年，并且完成了数千次客运航班的飞行而没有发生重大事故。飞艇没落的真正原因是纳粹势力的崛起。1933 年，纳粹开始执掌德国政府。在他们眼中，飞艇的抗攻击性能太差，在战争中不能作为武器，因而对于发展飞艇几乎没什么兴趣。雪上加霜的是，美国政府 1938 年又颁布了禁令，禁止向德国出口氦，导致在德美两国之间恢复开通跨大西洋航班一事毫无实现可能。

飞艇飞过时吸引了大批看客，其硕大无朋的优雅身姿令他们惊叹不已。

解析

齐柏林 LZ127 伯爵号

吊舱悬挂在齐柏林飞艇主体的下面。

[A] 吊舱
[B] 硬式结
[C] 发动机
[D] 方向舵
[E] 升降舵

[B]

GRAF ZEPPELIN

[A]

在费迪南·冯·齐柏林伯爵（1838—1917）最初的构想中，他提出将这些以他的名字命名的飞艇连接起来组成一架“空中列车”。虽然这个奇思妙想从未被验证过，但经过路德维格·杜尔（1878—1956）的改良，齐柏林伯爵的硬式飞艇设计却是20世纪早期最成功的航空器之一。LZ127号全长776英尺（约237米），可与远洋班轮相媲美，但它的承载能力却远不如后者。飞艇的吊舱悬挂于飞艇下方，仅能容纳40名工作人员和一个可以乘坐20名乘客的客舱。相比同时代螺旋桨飞机逼仄的客舱条件，齐柏林号拥有多个双卧铺客舱以及一个宽敞的全景客室，可谓十分奢华。轻型铝制框架和棉制外壳构成了飞艇庞大的身躯，但其中大部分空间却被装有氢气和蓝煤气的巨大气囊占据。硬式飞艇比之前的非硬式或半硬式飞艇有着更高的强度，因此也可以实现更大的体型、更快的速度和更高有效载荷。齐柏林LZ127伯爵号配有5台550马力的迈巴赫内燃机，以蓝煤气为燃料，其巡航速度最高可达80英里/小时（约129千米/小时）。

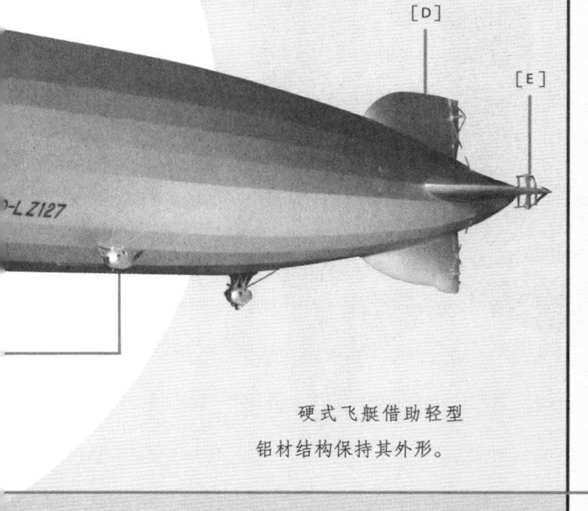

硬式飞艇借助轻型铝材结构保持其外形。

主要特征：

蓝煤气

早期的齐柏林飞艇曾使用液体燃料，但这种燃料有个缺点，即随着燃料的燃烧，飞艇会逐渐损失重量，因此需要不断排空氢气。最终，LZ127飞艇通过采用蓝煤气作为引擎燃料解决了这个问题。这是因为蓝煤气的密度跟空气密度相同，燃烧后并不会改变飞艇的总重量。

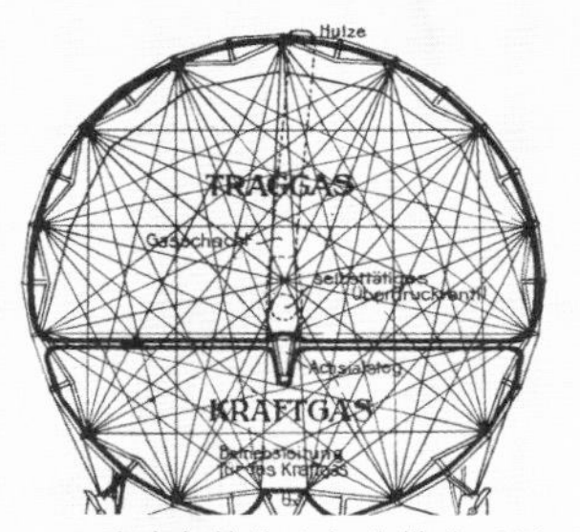

通过齐柏林飞艇的横截面图可以看到不同的气体室。

（右图）齐柏林飞艇轻型铝材结构截面

（下图）齐柏林伯爵号飞艇由5台内燃机提供动力。

30

设计者：

约翰·洛吉·贝尔德

贝尔德电视播放机

工业

农业

媒体

交通运输

科学

计算机信息处理技术

能源

家用

生产商：
普莱西公司

1930

毫无疑问，电视是 20 世纪后半期媒体领域最有影响力的发明，但是它的问世却十分艰难，人们认为它不过是一阵短暂的时尚风潮，永远都挑战不了当时处于主导地位的娱乐媒体——广播和电影。即便电子机械式电视很快就被电子电视所取代，但它还是展示出了该媒体的原理，并且为世界上最早的电视广播的制作和播放提供了一个平台。

戏剧性的插曲

在广播发展的早期阶段，英美两国电视领域的先驱决定对电视作为一种娱乐形式的潜力进行发掘。不过，他们对于素材的选择也许预示了在接下来几十年里电视在英美两国的发展方式。1928 年，美国献出了自己的成果，从纽约州斯克内克塔迪市的一个工作室播出了惊悚剧《女王的信使》。两年后，总部设在伦敦的英国广播公司则选择了一部高雅的讨论死亡的独幕剧——《花言巧语的人》，该片出自诺贝尔奖得主路伊吉·皮兰德娄（1867—1936）之手。然而，由于机械电视严重的技术局限，播放任何电视剧都是一种极其大胆的想法。

对于其开创性的首部广播电视剧作，美国人采用了两个演员和三台摄像机进行拍摄。但是由于屏幕太小，观众从他们原始的电视机上只能看到一个演员的脸或手。导演用其中两台摄像机来拍摄演员的脸，而第三台则在演员的手和剧本所需要的道具之间移动。一大批技术人员提供了该剧的声音和视觉效果。而英国广播公司在播出其第一部电视剧时，则只用了一台贝尔德摄像机来拍摄三个演员。拍摄地是一处阴暗的工作室，这台摄像机则提供了唯一的光源。演员在背景幕布前进行现场表演，幕布上则画有黑白图案，代表一个露天咖啡馆。在这两部剧的播放中，其声音和图像是分开的，然后由电视接收机实现同步。

对于世界上第一部电视剧的问世，《纽约先驱论坛报》的评论并不热烈。它的结论是：“观看了这次实验电视剧的人普遍认为，广播电影的时代远在遥远的未来，它还有很长一段路要走。目前的系统在商业上是否能够实现其可行性，对公众来说是否有实用性仍然有待解答。”

不断发展的电视机

约翰·洛吉·贝尔德播送的第一个电视图像。

在数字电视出现之前，二战之后的电视机市场是电子式电视的天下。那么本章为什么没有选择一款电子式电视，而是选择了机械式电视作为电视代表呢？对于这个问题，诸位读者也许尚有疑问。而选择结果之所以如此，是因为电视领域包括访谈、体育赛事、音乐、戏剧、实况转播、东海岸到西海岸以及跨大西洋信号传输，还有包括彩色视频录制在内的所有活动的史上第一次的实现都是依靠机械式电视。只不过在使用贝尔德系统的情况下，大部分都是以单色播送，图像解析度极低，约在 30 到 240 行线之间。然而，即使有这些技术局限，到 1936 年，机械式电视已在普通大众之中牢固地确立了电视媒体的地位。电视领域此后所有的发展都是以贝尔德和其他电视先驱的成果为基础。

贝尔德电视播放机及其类似的装置之所以被称为机械式电视是因为此类电视将可移动的机械部件与电子元件相结合。该系统的核心是尼普科夫圆盘。圆盘的名称则来自德国发明家保罗·尼普科夫（1860—1940）。带有小孔的圆盘在旋转时充当基本扫描装置实现图像的分解，从而将图像以电子形式传输给一台同样安装了尼普科夫圆盘的接收器上。早在 1883 年，当时还是学生的尼普科夫就提出了这一设想。但他一直没能将其变为现实。直到几十年后，苏格兰发明家约翰·洛吉·贝尔德（1888—1946）和美国发明家查尔斯·詹金斯（1867—1934）才分别在英美两国实现了他的设想。1928 年，68 岁高龄的尼普科夫在柏林看到了贝尔德系统的展示，从而得以在有生之年亲眼看到自己的发明化为现实。

1925 年，声音和电视画面成功实现了同步播放的演示。三年后，詹金斯在美国建立了第一家电视台，每周播放 5 个晚上。但 1932 年，这家公司倒闭，詹金斯本人也在两

电视发展史

- 1884 年　尼普科夫圆盘
- 1906 年　罗星机械电视
- 1907 年　电子电视
- 1922 年　光电影像管
- 1925 年　詹金斯机械电视
- 1926 年　贝尔德机械电视
- 1925 年　彩色电视显像管
- 1926 年　无线斯科普电子电视系统
- 1927 年　析像管
- 1930 年　贝尔德电视播放机

前六个月过后，电视是没能力维持自己占据的任何市场的。人们很快就会厌倦每天晚上都盯着一个胶合板箱。

——1946 年，达里尔 · F. 扎努克在一次采访中如是说

年后离世。贝尔德在英国广播公司的支持下发展境遇好得多，其机械电视系统一直持续播放到 1937 年。

固态

虽然机械式电视是电视领域的一项重大突破，但是它的意义却缺少一种事物的印证，那就是专利侵权纠纷。就笔者所知，尽管贝尔德和詹金斯的系统相似性很高，但两人之间并没有发生任何诉讼，因为电视系统设计领域主要参与者的目光早已超越了机械式电视，开始关注电子式电视。就在詹金斯和贝尔德开始首次尝试进行电视广播的同时，完善电子式电视的竞争也进入最后阶段。三名电视系统设计领域的领头羊分别是美国的斐洛 · 法恩斯沃思（1906—1971）和弗拉基米尔 · 佐利金（1897—1947）以及匈牙利的卡尔曼 · 蒂豪尼（1888—1982）。1926 年，蒂豪尼为自己的无线斯科普电子电视系统开发了革命性产品——电视摄像管。1927 年到 1929 年之间，法恩斯沃思首先论证成功了其配备了“析像管”的电子式电视，而在西屋公司工作的佐利金则在研究“光电影像管”。虽然佐利金可以主张他早在 1925 年就进行了论证并取得了专利，但是他的电视图像却是静态的。这两种相互冲突的主张导致法恩斯沃思与购买了佐利金专利的美国无线电公司之间爆发了旷日持久的专利诉讼，直到 1939 年才以法恩斯沃思的获胜而告终。不过，法恩斯沃思与佐利金的专利还需最终与蒂豪尼的摄像管相结合，电子电视的开发才算大功告成。

佐利金展示了电子机械电视的继任者——电子阴极射线管电视。

解析贝尔德电视播放机

[A] 屏幕
[B] 尼普科夫圆盘
[C] 电机
[D] 氖气灯
[E] 尼普科夫圆盘外壳
[F] 开关
[G] 无线电接收器 / 调谐器

[G]
[F]
[A]
[E]

前视图，去掉外壳。

[C]

[B]

后视图，去掉外壳。

[D]

起初，贝尔德电视播放机是以套件形式销售的，所有部件均暴露在外。1930年推出的第一个量产款则将所有工作部件都封闭在一个金属柜中，看起来像一个奇怪的旧式厨房炉灶与投币式拱形西洋景机的混合体。中间的圆形部分内安装着尼普科夫圆盘，圆盘由电动马达驱动。电视播放机右侧的“屏幕”由圆盘前面的放大透镜和圆盘后面的氖气灯组成。虽然贝尔德系统已将图像解析度提高到了240行线，但屏幕图像却由30行线组成，而且是垂直显示的，不像今天的电视那样是横向显示。垂直显示器非常小，一次只能供一个人观看。受氖气灯的颜色影响，电视图像也不是黑白的，而是橙色和白色的。图像由无线电波发送，并通过另一台独立设备接收传输过来的声音。尽管电视播放机的产量高达1000台，但贝尔德知道这款电视播放机只能算是个粗糙的原型。

主要特征：

尼普科夫圆盘

尼普科夫圆盘既可以创建图像，又能够复制图像。在工作室，光线通过圆盘投射到物体上。光电管将反射光线的变化转变成脉冲，脉冲则在放大后通过无线电波进行传输。脉冲使电视播放器内的氖气灯在圆盘后闪烁，将原始图像在屏幕上重新创建出来。

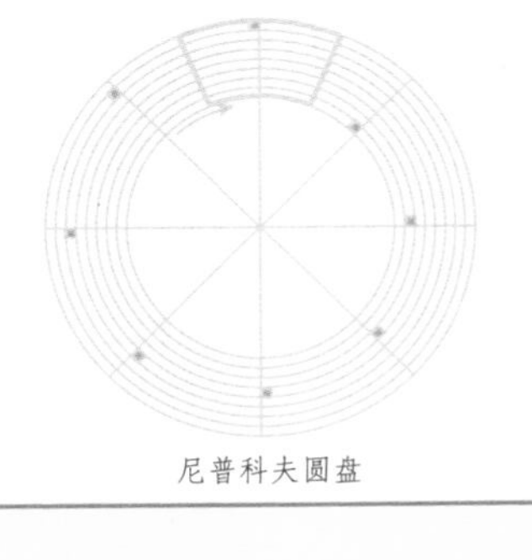

尼普科夫圆盘

约翰·洛吉·贝尔德正在研究机械式电视。在这个实验中，他正在用尼普科夫圆盘扫描自己的手并通过无线电对图像进行传播。

设计者：

威利斯·开利

飞歌约克牌“冷风”型空调

工业
农业
媒体
交通运输
科学
计算机信息处理技术
能源
家用

生产商：
约克制冰机械公司

打倒罗马帝国的正是空调这种奢侈品。用上空调，他们就关了窗子，听不见野蛮人接近的声音。

——盖瑞森·凯勒（生于 1942 年）

1938

威利斯·开利

空调有着十分重要的工业用途，其应用领域也十分广泛，囊括食品生产以及计算机硬件制造等。然而对于公众来说，空调的主要影响就是改善了世界上炎热地带居民的生活质量。美国的“骄阳带”便是这样一个地区，在这里，空调的采用是当地人口大规模迁入和经济发展的一个必要的先决条件。

南部热浪

笔者的家乡四季凉爽，热浪袭人的日子顶多持续几天，从来都不是以星期或者月来计算，因此在成长过程中从来都没有对中央空调的好处有什么切身体会。然而，当我的父母移居到得克萨斯州中部，空调的吸引力立刻变得显而易见。在那里，夏天的平均气温高达 87 华氏度 (31 摄氏度)。尽管早在 20 世纪 20 年代，冰箱就已进入了寻常人家，但家用空调的发展却比它落后了十年，直到 1938 年，飞歌约克第一款便携窗式空调机——“凉风”——问世才结束了这一切。凉风空调的生产商是一家合资企业，其投资方分别是美国大型无线电设备制造商飞歌公司以及专业生产工业制冷和空调系统的约克制冰机械公司。

虽然本书将威利斯·开利（1876—1950）列为空调的设计者，但空调发展历史方面的专家都知道凉风空调并不是他设计的，令人遗憾的是，其真正的设计人一直未能被世人所知。开利实际上是空调这一系统的发明人，同时也是约克制冰机械公司的竞争对手——开利公司——的创始人。1906 年，开利为自己的第一个工业空调系统取得了专利，这个系统是他在 1902 年的时候为纽约州水牛城的一家印刷公司设计的。空调的工作原理与冰箱非常类似，液体制冷剂在压力作用下通过盘管循环。制冷剂在通过膨胀阀时，其压力的突然下降导致温度降低，空气因此得到冷却，风扇则将冷却的空气吹进房间。

1930 年，托马斯·米奇利（1889—1944）开发出的氟氯碳化物氟利昂取代了以前冰箱和空调使用的有毒制冷剂，如液氨。凉风空调将开利的基本设计与米奇利的氟利昂相结合，并具有时尚的木柜式外形。这款产品接上电源插座即可使用，并且体积小巧，可以轻松在不同房间之间移动。从此，家中拥有“舒适夏季”时代拉开了序幕。有了它，美国的“骄阳带”迎来了北部各州的移民以及经济的发展。

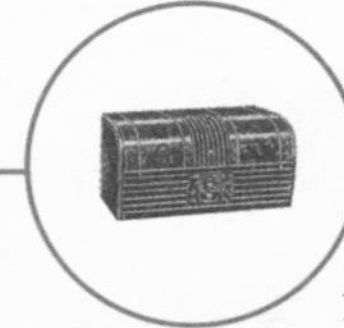

设计者：

恩斯特·鲁斯卡

西门子电子显微镜

生产商：
西门子公司

工业
农业
媒体
交通运输
科学
计算机信息处理技术
能源
家用

1939

电子显微镜的发展克服了光学显微镜依赖光线的局限性。通过实现细胞和病毒结构成像，揭示材料的原子结构，透射式电子显微镜促进了医药科学、工程学以及物理学的发展。

要看见

1930 年夏天，德国电气工程师莱因霍尔德·罗登伯格（1883—1961）得到了一个令他伤心欲绝的消息——他尚在襁褓中的幼子患上了脊髓灰质炎，也就是俗称的小儿麻痹症。能够有效预防该病的疫苗直到 1950 年才开发出来，在此之前，小儿麻痹症往往会令患者丧命，或者给患者留下腿部瘫痪及残疾。尽管人们当时已经知道了脊髓灰质炎病毒的存在，但对于当时的光学显微镜来说，包括这种病毒在内的各种病毒都太过微小，根本观测不到。受雇于德国西门子公司的罗登伯格以当时的理论研究成果为基础，提出了一种显微镜模型，这种显微镜采用静电透镜对电子束进行聚焦，从而取代光线。1931 年，西门子公司取得了该显微镜原理的专利。

早期望远镜问世于 16 世纪晚期，最早的光学显微镜被认为是由此发展而来。但直到 17 世纪，在罗伯特·胡克（1635—1703）以及被誉为“微生物学之父”的荷兰人安东尼·范·列文虎克（1632—1723）的努力下，光学显微镜的作用才真正发挥出来。他们二人是最早撰文向公众揭示微观世界的科学家之一。复合式光学显微镜的放大倍数在 1000 倍左右，因此无法观察到病毒等微生物结构。1897 年，物理学家 J.J. 汤姆逊（1856—1940）发现了电子。在接下来的几十年里，包括匈牙利物理学家列奥·西拉德（1898—1964）在内的多位科学家都提议采用这种波长大大低于可见光的亚原子粒子作为一种放大手段。

1931 年，当时还是研究生的恩斯特·鲁斯卡（1906—1988）制造出了第一台透射式电子显微镜。20 世纪 30 年代，他对透射式电子显微镜进行了持续的开发。1937 年，他加入了西门子公司，并利用该公司的专利在 1939 年设计出了第一台商用显微镜设备。恩斯特实现了罗登伯格的梦想，并与自己的弟弟——微生物学家兼赫尔穆特·鲁斯卡（1908—1973）——合作，制作出了世界上最早的病毒影像。

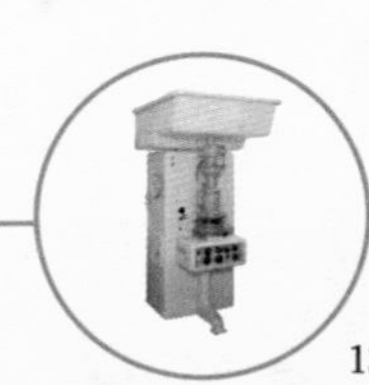

解析

西门子电子显微镜

[A] 阴极
[B] 电子枪
[C] 聚光透镜
[D] 物镜
[E] 投影透镜
[F] 玻片
[G] 物体平面
[H] 中间图像平面
[I] 观察窗

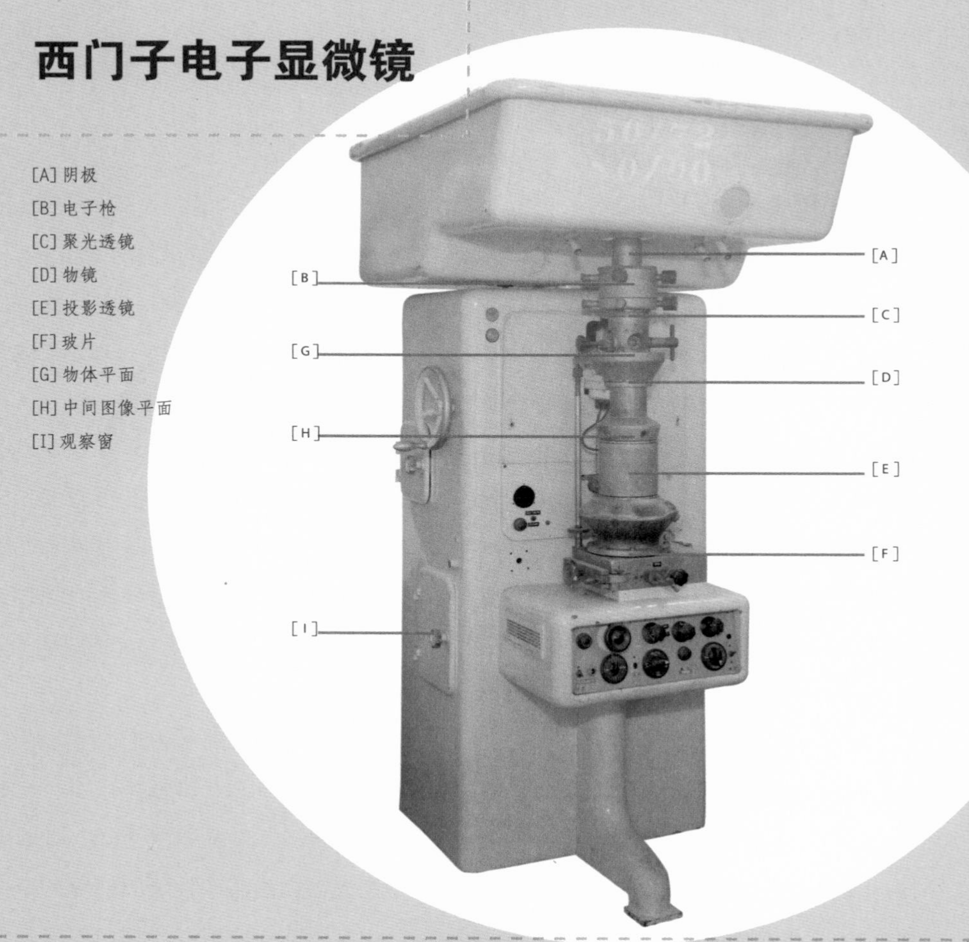

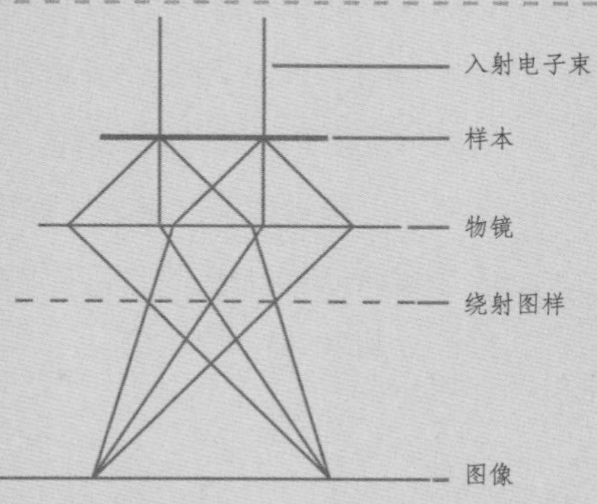

左侧简图显示出平行电子束穿过样本并向各个方向绕射的方式。物镜将样品上同一点发出的电子束集中聚焦到图像平面上。通过观察这个平面上的电子可以揭示出电子的绕射图样。

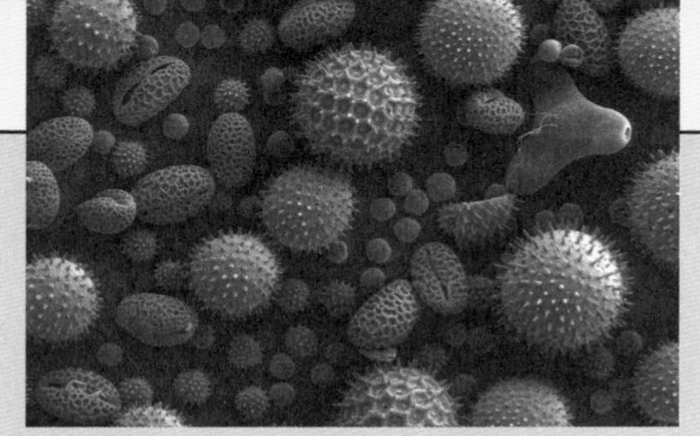
电子显微镜放大500倍后的花粉粒图像

投射式电子显微镜包括三个主要部分，分别是照明装置、样本台以及透镜组。照明装置是一个位于显微镜顶部的高压电子枪（阴极）。透镜组则包含一系列电磁透镜，其作用是形成并聚焦电子束。在透射式电子显微镜中，样本是一片超薄的材料切片。切片的一部分对于电子束来说是透明的。电子束穿过样本，收集材料的结构信息，该信息则由电子透镜放大。数据被发送到记录/观察系统。由此生成的图像可以在荧光观察屏上显示出来，或者拍摄下来。而在现代设计中，图像是直接传输到计算机显示屏上的。尽管与同时代最先进的光学显微镜相比，鲁斯卡的第一台电子显微镜在放大倍率方面的表现并未胜出，但是它却确立了电子显微镜的原则。后来，鲁斯卡在二战之后开发出了放大倍率高达10万倍的透射式电子显微镜。现代透射式电子显微镜有着更高的放大倍率，使人们可以利用这种仪器从原子水平对各种材料的结构进行研究，因而，它不仅改变了医学，也深刻地改变了材料科学。

一部分科学家认为，20世纪最重要的发明便是电子显微镜，而现代电子显微镜甚至可以实现高达200万倍的放大倍率。虽然其他发明给社会和文化方面带来了深远的影响，但是在无数科学领域中，电子显微镜已经成为一种至关重要的工具。

——《科学美国人：发明和发现》（2004），R. 卡莱尔著

主要特征：

电磁透镜

电子显微镜中设计了一个磁透镜来像玻璃透镜聚焦光线那样聚焦电子束。透射式电子显微镜采用了三种类型的透镜，分别是聚光透镜、物镜以及投影镜。聚光透镜的作用是形成电子束；物镜则用于聚焦从样本中穿过的电子束；投影镜将图像传输到屏幕或胶片上。各透镜均包含布置为正方形或六角形的电磁线圈。

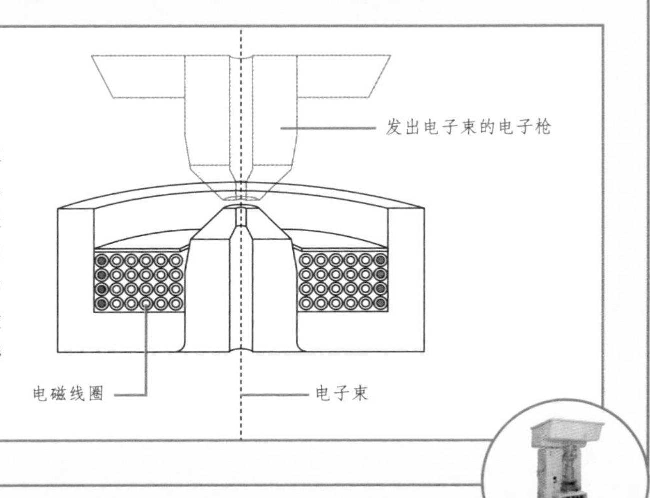

设计者：

沃纳·冯·布劳恩

中央工厂 V2 火箭

工业

农业

媒体

交通运输

科学

计算机信息处理技术

能源

家用

生产商：
中央工厂有限公司

1944

虽然V2火箭最初是作为第二次世界大战期间纳粹政权的恐怖武器，然而它最终却成为美国和苏联空间计划的基础。战争结束后，V2的设计者韦恩赫·冯·布劳恩和他的团队向美国投降，使得美国火箭技术的发展如虎添翼。

点火，发射！

简单来说，火箭就是一个中空的金属管，其中装满某种极易爆炸的物质，点火后，这种物质就会推动火箭以惊人的速度飞向天空。当然，问题的关键在于：（1）要防止火箭在地面上爆炸；（2）要防止火箭在飞抵目的地/目标的途中爆炸；（3）火箭在载人时完全不能爆炸。作为火药的发明人，中国人大约在12世纪开始试验将火箭作为武器，是这个领域的先行者。他们解决了问题（1）和（2），但是问题（3）则一直到了20世纪中叶，美苏两国太空竞赛时期才得以解决。

美国物理学家罗伯特·戈达德（1882—1945）被人誉为现代火箭之父，他在20世纪20年代设计出了史上第一枚液体燃料火箭。一位年轻的德国火箭工程师——沃纳·冯·布劳恩(1912－1977）——对戈达德的工作非常感兴趣。1933年，冯·布劳恩加入了纳粹党及准军事部队纳粹党卫军。不过布劳恩后来声称，他之所以加入这些组织，是为了能够继续自己的火箭研究，并且他也没有参与任何政治活动。但事实上，V2火箭的制造曾使用奴隶劳工，而且在它的制造过程中，共造成约20000人死亡，而作为武器的V2火箭致死的人数则约为7250人，是少数生产致死人数高于武器本身致死人数的武器之一。可是，冯·布劳恩被美国政府纳入麾下后，他在战争期间所犯下的罪行都得到了开脱。

尽管V2是当时最先进的火箭，但在战争中它对盟军所造成的伤害却简直可以忽略不计，甚至可以说，纳粹在1944年秋天对它进行的部署很有可能缩短了战争的进程，因为纳粹本可以拿它所占用的资源来建造更具战略价值的歼击机。德国战败后，美国和原苏联均取得了V2火箭的技术，这在后来成为两国空间计划的基础。1942年V2的首次成功试飞标志着太空时代拉开了大幕。

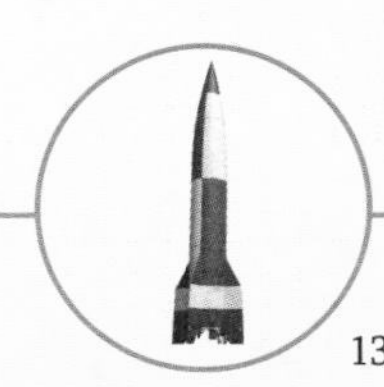

解析

中央工厂 V2 火箭

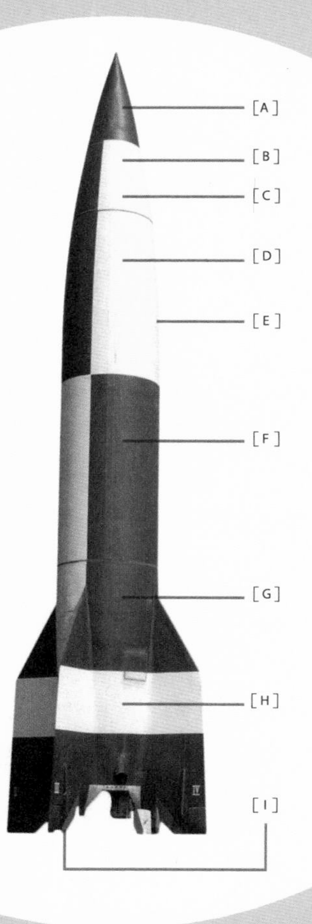

[A] 弹头
[B] 引导陀螺仪
[C] 导向凸轮
[D] 酒精水溶液
[E] 弹体
[F] 液态氧
[G] 燃烧室
[H] 尾翼
[I] 燃气舵

火箭设计师沃纳·冯·布劳恩（摄于美国国家航空航天局）

我们知道，每一枚 V2 火箭的生产成本都相当于一架高性能战斗机……从我们的角度来看，V2 计划效果之佳几乎等同于希特勒采取了单边裁军政策。

——《宇宙波澜》（1979），F.戴森著

与许多现代导弹系统相似，V2 火箭属于一种机动武器。

V2火箭长接近46英尺（约14米），重13.7吨。安装上弹头就成为最早的远程弹道式导弹，能承载2200磅（约1000公斤）的普通炸药，最大射程为200英里（约322公里），飞行速度为3580英里/小时（约5760公里/小时）。为了躲避敌机的侦查，V2的发射平台为移动式发射平台梅勒运载车。假设德国人成功研发出了原子弹，他们就可以利用U型潜水艇牵引某个发射平台，发射V2火箭将伦敦和莫斯科夷为平地，甚至袭击美国大陆。对世人来说幸运的是，德国人与今天的伊朗人命运相似，在建造出导弹之后才造出了原子弹。V2火箭从梅勒运载车上完成发射后，在陀螺仪引导下，其射程为55英里（约89公里）。但在垂直发射的情况下，其发射高度可以达到128英里（约206公里），相比62英里（约100公里）的地球大气层厚度，是后者的两倍多。1946年10月24日，一枚美国制造的V2火箭上安装的照相机首度从太空拍下了地球的照片。

主要特征：

液体燃料火箭发动机

V2 火箭的发动机燃料由 8400 磅（约 3810 公斤）乙醇与水的混合物以及 10800 磅（约 4899 千克）液态氧构成，其总燃烧时间为 65 秒。燃料和液态氧先被氧化氢蒸汽涡轮机抽进燃烧室，再通过 1224 个喷嘴进入喷嘴燃烧室。这 1224 个喷嘴的作用是保证乙醇与氧气保持正确的混合比例。

下图为美国空军国家博物馆展出的 V2 火箭发动机，该博物馆位于美国俄亥俄州代顿市。

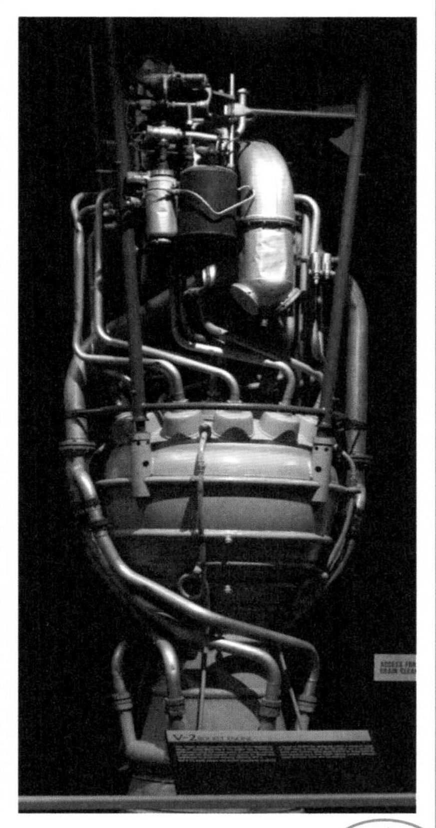

34

设计者：

通用电气公司
研发部门

通用电气公司全自动上开门洗衣机

生产商：
通用电气公司

工业
农业
媒体
交通运输
科学
计算机信息处理技术
能源
家用

1947

作为通用电气公司给家庭主妇们带来的首款一体式冰箱，督战号炮塔系列冰箱价格能为大多数家庭所接受。在它问世十年之后，通用电气公司又开发出了20世纪最重要的省力型家电——全自动上开门洗衣机，一劳永逸地解决了每周最耗时也最令人厌烦的一项家务。

减负

你如果问问自己的曾祖母干什么家务的时候最辛苦，她的回答很可能是每周洗衣服的时候。虽然电动洗衣机早在20世纪初就已问世，但早期的机型只不过比简单的热水浴桶稍好一点。这些洗衣机带有活动的叶片，几乎不具备我们现在已经习以为常的洗衣机功能。它们可以把热肥皂水中的衣服搅动起来，但却需要人工注水或排水，无法自动完成这项工作或者甩干衣物。20世纪40年代开始，洗衣机上都配备了电动绞衣机，可以在晾衣服之前将衣服拧干。而洗衣烘干二合一的洗衣机则还要再等待十年才会出现。现代自动前开门或上开门洗衣机根据选择的程序不同只需花费30—45分钟就能完成的工作，换成人工或者1947年前的洗衣机则要花费家庭主妇们2个小时甚至更多时间。

工效研究显示，使用全自动洗衣机，用户双手不必沾水就能在半个小时内洗干净9磅重的衣物，而采用传统洗衣机完成这项工作则仍需花费两个小时的时间。

——《如何选择洗衣机》，摘自《大众科学》（1947）

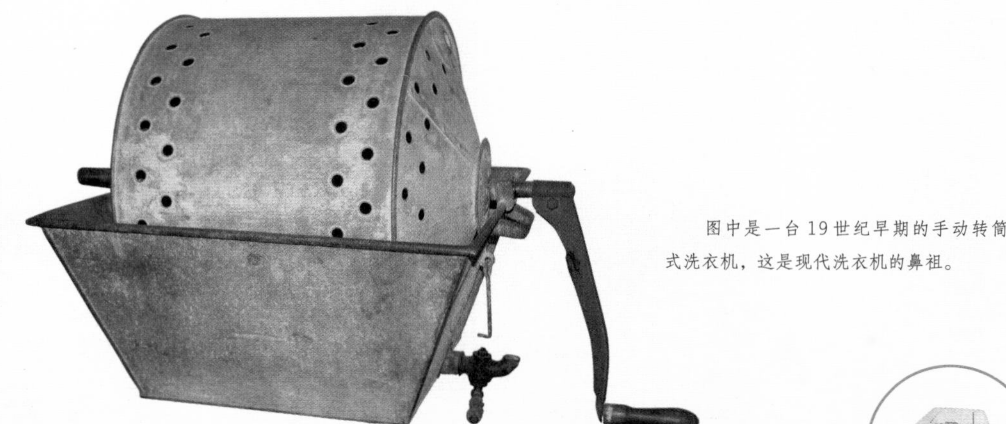

图中是一台19世纪早期的手动转筒式洗衣机，这是现代洗衣机的鼻祖。

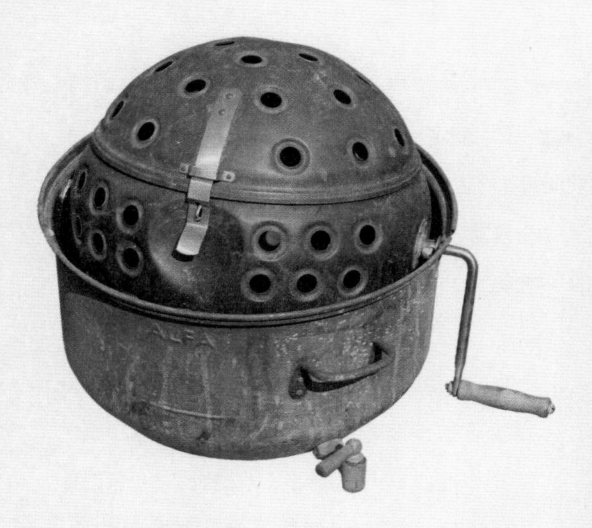

原始的人力洗衣机：老阿尔法。

我们之前在缝纫机、打字机、吸尘器以及冰箱等章节中已经了解到，女性的角色自 19 世纪晚期开始发生改变。妇女解放运动在第一次世界大战之后持续进行，并在第二次世界大战之后加速发展。尽管社会仍然期待她们来承担绝大部分家务，如烹饪、清洁以及照看孩子等，但越来越多的女性开始走出家门工作，而她们在家务方面得到的帮助却越来越少。到了 20 世纪 40 年代中期，科技的发展以及可支配收入的增加意味着大多数中产阶级家庭都已经能够负担得起省力型家用电器。二战结束之后，通用电气公司于 1947 年在美国推出了全自动洗衣机，革命性地改变了洗衣领域。这是一款全自动循环式洗衣机，用户需要做的只是启动机器，等到回来时，衣服就已经完成了洗涤、漂洗和甩干，可以直接拿出来晾干或者熨烫了。

解析

通用电气公司全自动上开门洗衣机

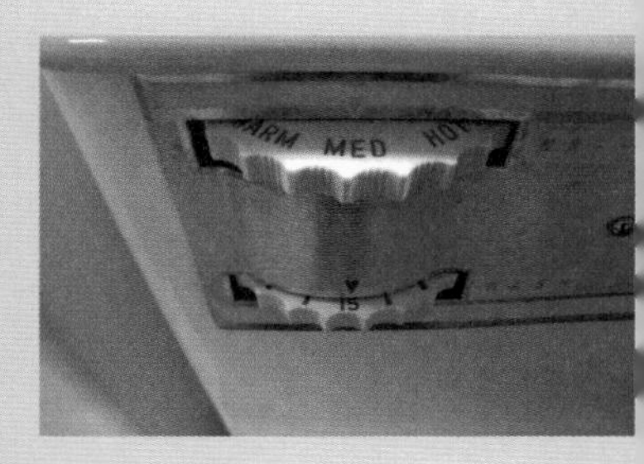

温度和定时器控件的特写

主要特征：

自动控制

全自动洗衣机的部件全都不是新生事物，但是其创新之处在于这些部件被组装进了一个完全自动化的机械装置。家庭主妇只需启动机器，等她 45 分钟后回来，衣服已经洗净甩干。

配备有中央搅动器和内部皂液盒的洗衣机桶。

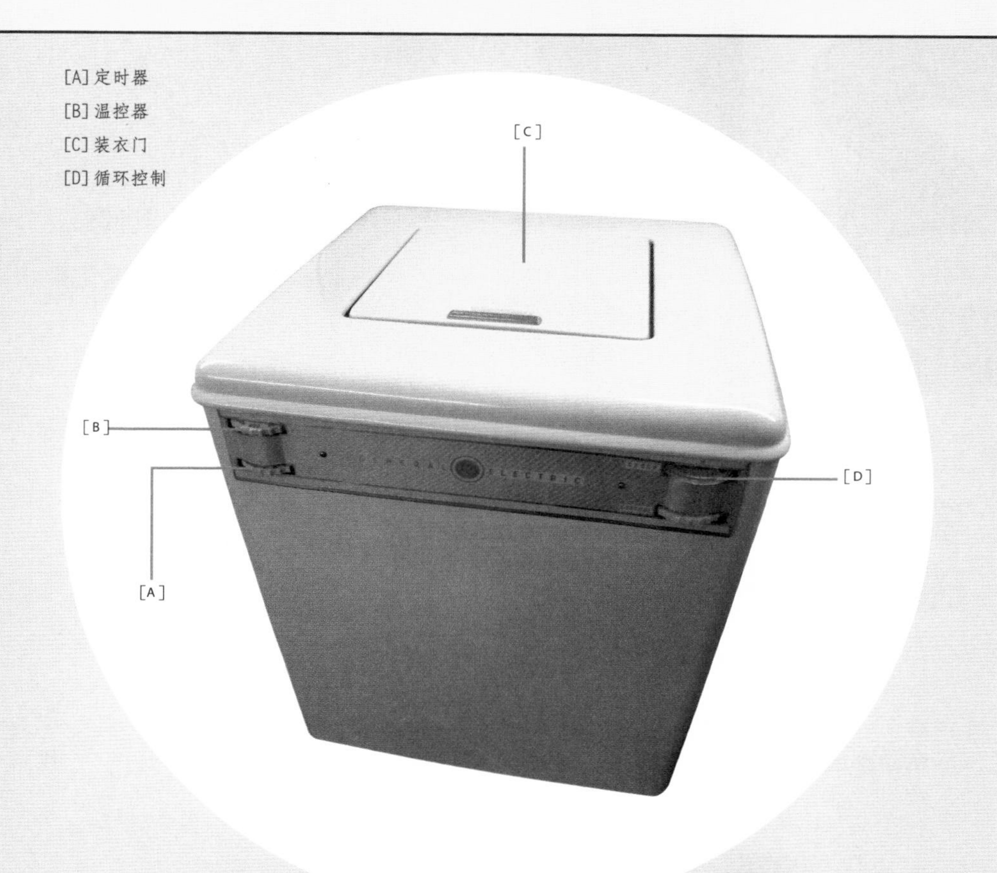

就设计和功能而言，通用电气公司的全自动洗衣机标志着现代洗衣设备的问世。该机器有两套控制器，分别是左侧的温度控制器和洗涤定时器，以及右侧的程序选择按钮。温度控制器的选项包括“低温”“中温”和“高温”,定时器的范围则为3分钟到20分钟。在程序选择按钮上可以选择全自动循环（45分钟），或手动设置“浸泡”“清洗”“漂洗”以及“甩干”。衣服放进洗衣机后，用户就可以将洗涤剂加入洗衣机内部的皂液器中。全自动洗衣机与房屋的供水和排水系统相连，因此无需手动加水和排水。水流通过皂液器进入洗衣机，当达到正确水位时，就流入搅衣器的顶端，落入下面的杯子，激发洗涤动作。洗涤结束后，全自动洗衣机开始排水并漂洗内桶的泡沫，然后便开始第一次甩干。完成漂洗程序后，机器以每分钟1140转的速度旋转甩干内洗衣缸中的衣服。通过在主控制器上选择“排水”,可以将留在外洗衣缸中的水排干。当然，这些水也可以留到下一次洗衣时循环利用。

35

设计者：

杰克·穆林

安派克斯200A磁带录音机

生产商：
安培电器制造公司

工业
农业
媒体
交通运输
科学
计算机信息处理技术
能源
家用

1948

直到第二次世界大战结束，录音和广播的发展仍然受制于其对唱片的依赖，而且唱片不仅很难进行编辑，音质也很差。1947 年卷带式磁带录音机技术的出现大大简化了对声音的编辑，改进了广播质量，并且使得无线电广播领域大范围使用预先录制内容成为可能。

独裁者与巨星

大独裁者阿道夫·希特勒（1889—1945）杀人如麻，差一点就吞并了全世界。通常他的名字并不会与歌手、演员兼艺人平·克劳斯贝（1903—1977）出现在一起。不过，他们两人却分别以自己的方式对二战后录音与广播技术的革命贡献出了自己的力量。在第二次世界大战末期，作为美国陆军通信兵部队的一名年轻军官，杰克·穆林驻扎在英国为诺曼底登陆日做准备。每当工作到深夜，他都会收听德国电台的高品质音乐广播。他发现自己听到的这些音乐广播远胜于当时美国或英国的“灌制”音乐广播。德国战败后，他被派到法德两国调查德军的绝密电子设备。一个偶然的机会，他参观了法兰克福附近的一家电台，并在那里见到了德国的磁音机。磁音机是一种使用早期磁带的高保真卷带式录音机。穆林认识到这种机器的潜力，于是在为美国政府购买了两台的同时，给自己也买了两台。拆装之后，他将买来的磁音机运回了旧金山。

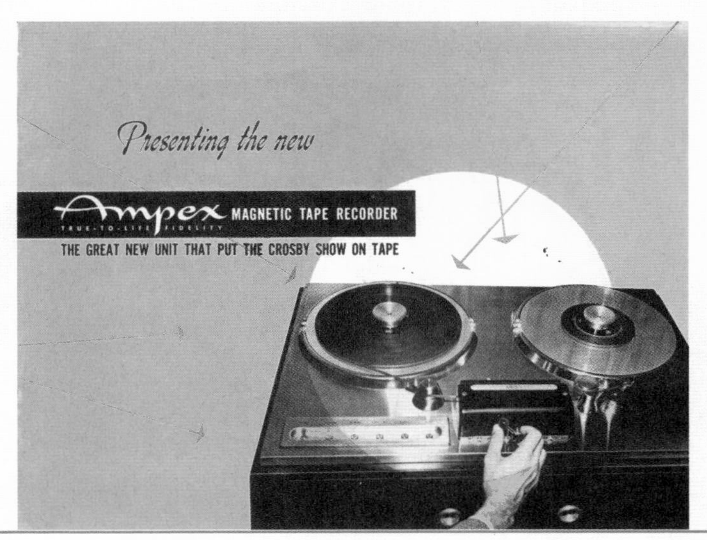

现在我们能在所有媒体设备上看到的按钮都是 1948 年革命性的新发明。

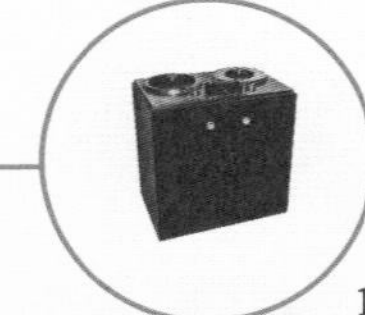

安派克斯 200A 磁带录音机

1946 年，穆林将自己的两台磁音机组装并改进了一下，开始对外进行展示。1947 年，他给当时美国最受欢迎的电台和电影明星平·克劳斯贝演示了自己的磁音机。当时，广播网络坚持采用现场直播模式，然而由于唱片质量很差，克劳斯贝却并不喜欢这种直播所带来的压力，因此他暂时推掉了电台直播的工作。穆林的录音机给他留下了深刻的印象，于是他便聘请穆林来录制并编辑自己 1947 年到 1948 年节目季的内容。后来，他又投资了 5 万美金，将穆林的原型机开发成为首款美国制造的卷带式磁带录音机——安派克斯 200/200A。穆林自己收藏了最早的两台 200 型录音机，另外 12 台则由美国广播公司于 1948 年启用。

录音机发展史

- **1886 年** 蜡带记录仪
- **1898 年** 录音电话机
- **1930 年** 钢丝录音机
- **1935 年** 磁音机
- **1948 年** 安派克斯 200A

解析

安派克斯 200A 磁带录音机

主要特征：

磁性氧化铁磁带

按照穆林的说法，其录音机最大的特点就是磁带。借助磁带，艺术家和广播员可以在节目播出之前自由地进行提前录制并编辑节目。他曾描述过自己在为美国广播公司录制平·克劳斯贝的首季秀期间是如何通过不断实验和试错发明了磁带编辑技术的。有一次，他给一场并未收获太多笑声的节目录音中叠加了笑声，从而创造出了史上第一个“笑声音轨”。穆林第一次向外界展示磁音机时使用的是战时巴斯夫氧化铁磁带，但是从 1948 年开始，200A 型录音机采用的磁带换成了美国制造的 3M 思高 111 伽马氧化铁涂层的醋酸纤维磁带。

磁带

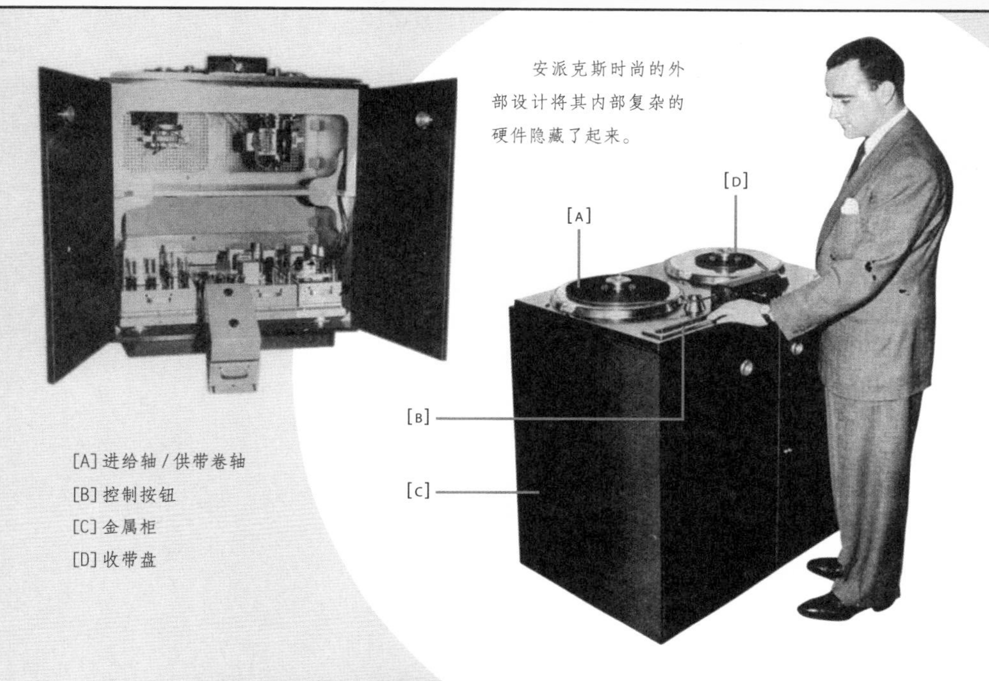

安派克斯时尚的外部设计将其内部复杂的硬件隐藏了起来。

[A] 进给轴 / 供带卷轴
[B] 控制按钮
[C] 金属柜
[D] 收带盘

在德国……希特勒对于任何东西都可以予取予求。哪怕他想通宵欣赏大型交响乐团的演奏，也能得到满足。然而，即使是疯子也不太可能坚持夜夜都要听到现场演奏。问题一定另有答案，而我也很好奇这个答案到底是什么。

——杰克 · 穆林

尽管名为“便携式”录音机，但用“移动式”一词形容安派克斯200A磁带录音机则更为贴切。安派克斯200A安装在一个金属柜上，拥有真正的便携式卷带式录音机（1951年出自飞利浦公司之手）和盒式磁带录音机的所有特征。同时，它的外观设计简约而又时尚，不像它的原型磁音机那么复杂。录音机的侧面就是机器唯一的控制面板，面板上突出了5个发光的透明按钮，分别是“开始”“停止”“快退”“快进”和“录音”。磁带厚1/4英寸（约6.4毫米），时长35分钟，安装在供带卷轴上，穿过中间齿轮，经过三个磁带头（擦除、记录和播放）和绞盘，缠绕在收带盘上。录音机具有录音结束后自动切断的功能，还有一个可选的双倍速度倒带功能。

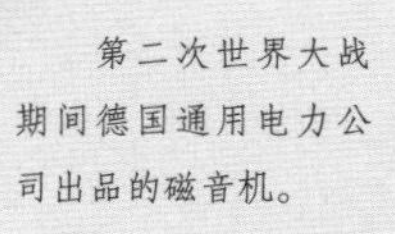

第二次世界大战期间德国通用电力公司出品的磁音机。

36

设计者：

罗纳德·毕晓普

德哈维兰公司彗星型 DH106 飞机

生产商：
德哈维兰公司

工业
农业
媒体
交通运输
科学
计算机信息处理技术
能源
家用

1949

作为一种秘密武器，喷气式飞机开发于第二次世界大战期间，但它真正进入全盛时期却是在战后。1952 年，史上第一架喷气客机——德哈维兰彗星型 DH106 飞机——投入使用，彻底改变了航空旅行。尽管如此，其创新性设计却带有致命的缺陷，这些缺陷引发了多起震惊世界的空难，导致德哈维兰被来自美国的竞争对手挤下了行业领先地位。

技术高峰与低谷

英国人以技术创新而闻名于世。在第一次工业革命期间，英国在科学技术领域引领全球，因此基本上它在 19 世纪一直都是世界经济、军事和政治领域的超级大国。然而自 20 世纪中叶开始，尽管英国的工程师仍然在不断推出世界一流的发明，但英国企业却并未能充分利用这些发明，反而被来自海外的竞争对手窃得先机，将奖项、金钱和荣誉收入囊中。

史上首架商用喷气式客机——彗星型 DH106 飞机——的开发就是这一现象的一个典型案例。1952 年，英国航空公司的前身英国海外航空公司，开始将彗星型 DH106 飞机投入使用。尽管这一机型一开始取得了成功，但是经过一系列的灾难性事故之后，整个彗星型机队不得不在两年后停飞。1937 年的“兴登堡”号飞艇空难宣告了客运飞艇时代的终结，不过彗星型飞机所发生的一系列空难并未导致喷气式客机的发展步兴登堡号的后尘，遭遇停滞或废弃。不过这一系列空难事故还是使得英国的竞争对手，尤其是波音公司、麦道公司以及洛克希德・马丁公司，抢占了技术和商业上的主动权并主导了之后半个世纪之内的喷气客机市场。彗星型飞机的遭遇生

喷气式飞机发展史

亨克尔 HE178 战斗机 **1939 年**
卡普罗尼坎皮尼 N1 喷气式战斗机 **1940 年**
格罗斯特惠特尔号 **1941 年**
梅塞施米特 ME262 式战斗机 **1942 年**
格罗斯特流星战斗机 **1943 年**
洛克希德 P-80 战斗机 **1944 年**
德哈维兰吸血鬼式战斗机 **1945 年**
维京 VC1 型飞机 **1948 年**
彗星型 DH106 飞机 **1949 年**

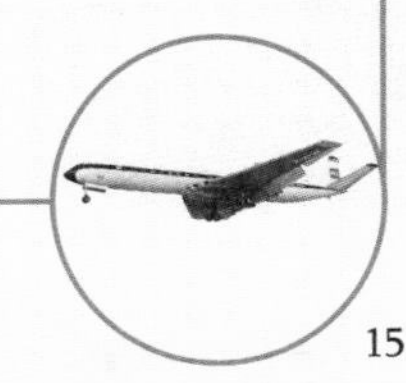

动地告诉我们，伟大的技术创新并不是一定会带来商业上的成功。

罗纳德·毕晓普（1903—1989）所设计的彗星型飞机采用了一种全新的且未完全经过试验验证的推进技术——喷气式发动机。这在技术方面可谓是一场大胆的冒险。喷气式飞机诞生于第二次世界大战期间，同盟国集团与轴心国集团都生产出了喷气式战斗机和轰炸机。而彗星型飞机的问世距史上第一架喷气机的成功开发尚不过十年。尽管德国人最先在战争中采用了喷气式战斗机，但还是晚了一步，并未能扭转纳粹在战场上的颓势，使其免于战败。英国政府支持开展第一个民用喷气客机项目的决定不仅具有远见卓识，也充满了勇气。

机毁人亡

尽管彗星型飞机是迄今为止测试最严格的飞机，但投入使用不到六个月，就有一架隶属英国海外航空公司的飞机在罗马机场起飞失败，并且滑出了跑道，致使两名乘客受伤。这场事故为此后困扰彗星型飞机服役头两年的一系列事故拉开了序幕。由于当时的机组人员更习惯于操作螺旋桨飞机，因此在这些事故当中，有多起是由机组人员的人为失误造成的。另外有些事故则要归因于恶劣的天气。然而，在 1953 年 1 月到 1954 年 4 月期间，有三架彗星型飞机在飞行中解体，机上人员全部遇难。整个彗星型飞机机队也因此停飞，打捞回来的飞机残骸经过了细致的检查。在当时，彗星型飞机机队的停飞被视为一场国家级灾难。英国首相温斯顿·丘吉尔（1874—1965）为此写道：“解决彗星

彗星号的驾驶员座舱可能看起来原始但在 1949 年是当时先进的技术水平。

巨大的方形全景舷窗灾难性地削弱了机身强度。

在战后时期，德哈维兰最杰出的……成就无疑是彗星型 DH106 飞机。尽管从其他方面来说，DH106 飞机的设计十分出色，但由于在建造带增压机舱的大型客机领域严重缺乏经验，该飞机遭遇了疲劳强度的问题，进而导致了空难的发生。

——《空战》（2002），W. 博伊恩著

型飞机之谜要不惜一切代价。”

特别调查庭得出的结论认为，导致飞机坠毁的原因在于飞机机舱，尤其是飞机的标志性特征——巨大的方形舷窗——周围区域所承受的应力过大。第一代的彗星型飞机遭到了停用和拆解，进行了彻底的重新设计。1958 年，供军事和民用领域使用的全新彗星 4 型开始生产，该机体型更为巨大。1997 年，彗星型飞机的最后一款客运机型退出使用，而其最后一款军用机型则由英国皇家空军于 2011 年停用。

尽管彗星型飞机在重新投入使用之前，首先强化了机身并将原先的舷窗改成了更小的圆形舷窗，但是它对飞机本身和英国卓越的技术声誉已经造成了不可挽回的损害。从此，英国航空业再也未能超越其美国的竞争对手。彗星型飞机的悲剧给我们留下了众多的遗产，这其中，影响最为深远的莫过于小型舷窗，以及我们在所有大型商用客机上都能看到的翼下发动机舱式发动机配置。

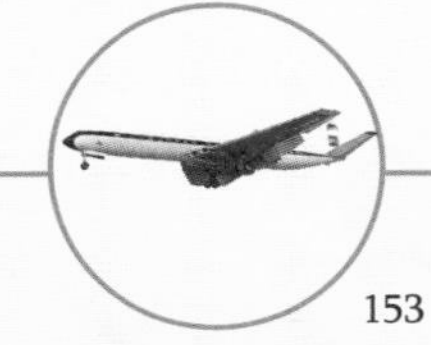

解决彗星型飞机之谜要不惜一切代价。
——温斯顿·丘吉尔（1874—1965）

时尚的旅行方式

有人若是今天在机场跑道上看到一架彗星型飞机夹杂在众多现代喷气式客机当中滑行的身影，并不会感觉这幅景象有什么不协调。之所以如此，是因为彗星型飞机不仅确立了在它之后几十年内的飞机设计标准，并且其先进性也远远高于自己的竞争对手——先于它问世的螺旋桨飞机。不过今天的中程客机却有些太过拥挤，不仅座位窄小，而且过道狭窄，折叠式小桌也一副摇摇欲坠的架势。反观彗星型飞机，今天的乘客只要一登机，就要禁不住垂涎其内部宽敞的布置和奢华的设施了。

尽管彗星型飞机与波音 737 及空客 320 的体型相近，但后者的设计初衷是服务于大众航空运输时代，要能容纳 100 名以上的乘客。彗星型飞机初始的座椅配置为 11 排，每排的座椅数量为 4 个，中间设有一个宽敞的过道。但英国海外航空公司和法国航空公司决定采用更为宽敞的客舱布置，仅设 36 个座椅。飞机的全加压客舱比同时代的任何螺旋桨飞机都更为安静。机上的设施包括备餐室——采用瓷器和银制餐具供应餐点——独立男女卫生间以及毁灭了彗星型飞机的方形全景舷窗。飞机的救生设施则包括存储在机翼中的救生筏和每个座位下的救生衣。

解析

德哈维兰彗星型 DH106 飞机

主要特征：

幽灵MK1号喷气式发动机

DH106 彗星型飞机的一大特点就是其安装在机翼内部的四台发动机。这四台发动机均为德哈维兰幽灵 MK1 号涡轮喷气式发动机，分两对分别安装在靠近机身的位置。设计人员之所以做出这样的选择是因为相比将发动机悬挂在机翼下或者机身上，这能显著减小飞机的阻力，大大提高飞机的速度和燃油经济性。发动机所处的位置也降低了发动机遭到异物撞击的风险，而异物撞击恰恰是涡轮式发动机所面临的一个主要问题。此外，这还能使发动机的维护更加简单易行。不过，如果某个发动机在飞行当中起火或者爆炸，这种设计则增加了出现灾难性后果的风险。

尽管外观与21世纪的客机极为相似，但在1952年，彗星型飞机的流线型设计在人们眼中却是相当具有革命性和未来感的。飞机机身空间宽敞，呈管状，长94英尺（约29米），安装有水平稳定器。机身前面则是一个锥形驾驶舱，可以容纳4名机组人员。V形的后掠机翼拥有115英尺（约35米）长的翼幅。此外，飞机还拥有垂直尾翼和方向舵。乘客登机门则位于飞机后部。这一切设计的目的都是为了从最大程度上减少飞机的重量和阻力。飞机外部蒙皮采用了新型轻量化铝合金。飞机油箱的容量为27300公升（约6005加仑），与四台发动机一起安装在机翼内部。在这四台发动机的作用下，彗星型飞机最高速度可达450英里/小时（约724公里/小时），将横跨大西洋的飞行时间减少了一半。尽管如此，彗星型飞机的一次性飞行距离却仅为1500英里（约2414公里），中途需要多次落地加油，抵消了这一优势。

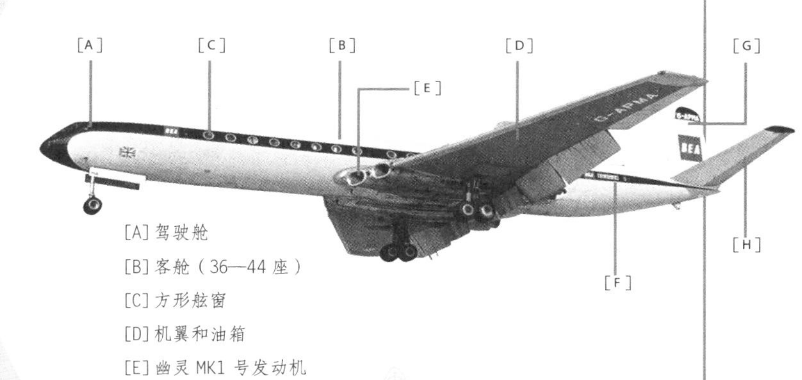

[A] 驾驶舱
[B] 客舱（36—44座）
[C] 方形舷窗
[D] 机翼和油箱
[E] 幽灵MK1号发动机
[F] 乘客登机门
[G] 尾翼/方向舵
[H] 水平稳定器

37

设计者：

默文·理查森

维克特牌洛特莫旋转割草机

生产商：
维克特割草机有限公司

工业

农业

媒体

交通运输

科学

计算机信息处理技术技术

能源

家用

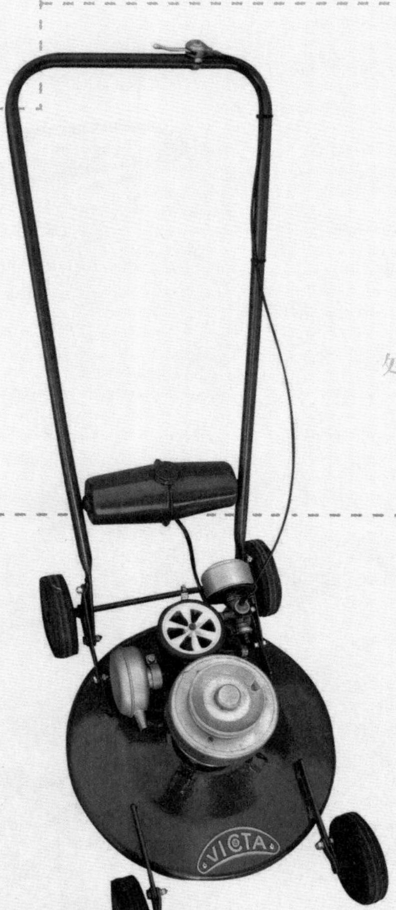

1954

在之前的章节中，我们了解了多款针对女性的省力型家电，本章则要为大家介绍一项帮助了世界各地许多丈夫和父亲的发明——源自澳大利亚的维克特牌洛特莫割草机。如果女性可以从洗衣服中解放出来，那么男人也可以摆脱手工修剪后院草坪这种苦差事。

锡罐割草机

读者可能想知道为什么本书会将第一款轻型家用旋转式割草机列入改变世界的50种机器的名单中。个中原因就在于，本书所介绍的机器，并不是每一台都要如福特T型车或者V2火箭那般有着“惊天动地的”革命性影响。因此，本书给那些以更加微妙和温和的方式改变世界的发明也留出了空间。二战之后，一个相当重要的社会现象就是，中产阶级家庭纷纷从市中心向城郊移居，而维克特牌洛特莫割草机则从机器角度为这一现象提供了佐证。而且第一台维克特牌洛特莫割草机就诞生在澳大利亚一个城郊家庭的车库中。

默文·理查森（1893—1972）只有小学文化，但在20世纪20年代，他在汽车制造和销售领域创造了人生的第一笔财富，可惜却又在大萧条时期失去了这一切。1941年，他通过工程销售工作成功东山再起，并在悉尼郊区的康科德安了家。当然，郊区的每个家庭都有一个前院和一个后院，但是20世纪40年代末市面上的家用割草机全都既笨重，又效率低下。

理查森的儿子上大学后，开始在假期帮助人家修剪草坪赚取零用钱，理查森也因此迷上了割草机。他设计并制造了几台割草机来帮助自己的儿子，而且在儿子毕业后仍然

理查森注意到，当时的割草机全都十分笨重，燃料和能源使用效率低下，既割不了长太高的草，也够不着草坪围栏，并且还不好操作。

——《草坪修剪的突破》（2009），E.吉诺齐奥著

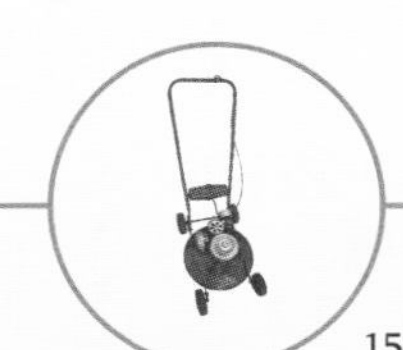

全新的轻型割草机迅速征服了居住在澳大利亚城郊地区的家庭，进而风靡全世界。

坚持在业余时间摆弄割草机的设计。1952年，他向家人展示了自己的第一台维克特机动旋转式割草机的原型机。维克特一词源于他的中间名——维克托。这台割草机利用一个空锡罐作为燃料箱，并采用了一台维利尔斯双冲程汽油发动机。发动机安装在机器侧面，驱动转子叶片旋转。尽管是东拼西凑起来的，但这款割草机的表现远远超过了当时市场上的所有割草机。它体型小巧，只需一个人操作就能修剪出漂亮的草坪。

解析

维克特牌洛特莫旋转割草机

[A] 节流阀和钢制车把
[B] 油箱
[C] 风机
[D] 维利尔斯 98cc 发动机
[E] 锡制车轮
[F] 转子刀片的钢制盖板

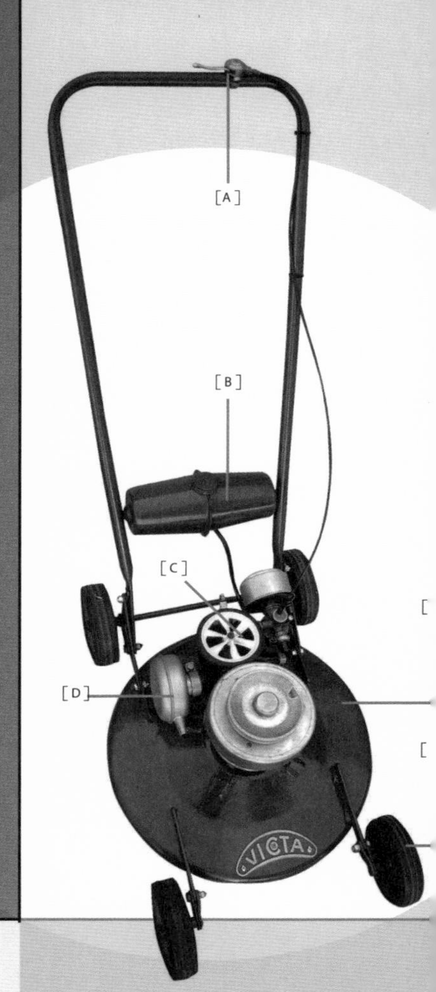

割草机的锡制轮子配备橡胶轮胎，可以在草地上轻松牵拉。

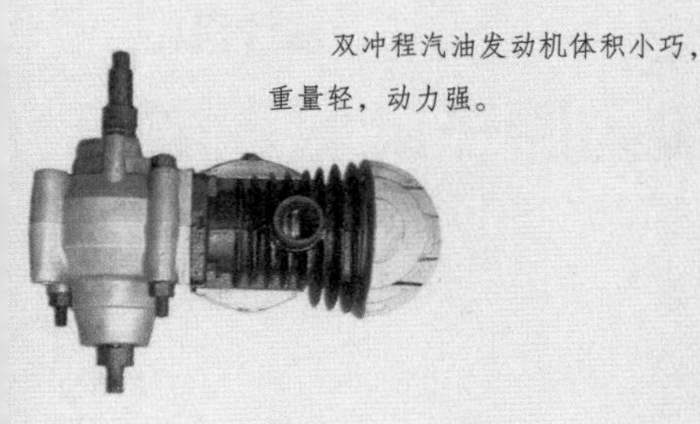
双冲程汽油发动机体积小巧，重量轻，动力强。

理查森开始在自己的车库制造割草机，并在当地的报纸上刊登了广告，将产品展示广而告之。产品在展示期间得到了非常热烈的反响，那些不想在照料庭院中度过周末的丈夫和父亲慕名而来，康科德的街道上挤满了他们的车。不到一年，由于需求量巨大，理查森辞去了自己原先的工作，将全部精力都投入到了新割草机的制造当中。1958年，维克特割草机有限公司在新南威尔士的米尔佩拉开设了第一家工厂，年产14.3万台割草机，远销28个国家。此处展现给读者的割草机生产于1954年，采用的都是定制配件，不过它与原先装着锡罐的原型机非常相似。机器的把手、框架以及底板均为钢制，安装在四个锡制轮子上。割草机的这四个轮子配有橡胶轮胎，使得整个机器可以适应绝大多数地形。一台维利尔斯98cc双冲程汽油发动机为割草机提供了动力，油箱则悬挂于割草机的把手之间，以免受损。另外，割草机还安装有一台风机，发挥冷却功能，防止发动机过热和失速。转子则有着独特的枢轴刀片。

图中是一台修复前的老式维克特牌洛特莫割草机。

主要特征:

枢轴转子刀片

维克特牌洛特莫装有枢轴刀片，这样如果修剪草坪的时候碰上岩石，刀片就会回摆，不会受损。这种设计保证了割草动作更加可靠与稳定，而且可以避免割草机刀片受到损伤。此外，这还能够减少传递到把手的震动量，使整个操作体验更流畅与舒适。

在枢轴转子刀片的作用下，割草动作更加平顺。

38

设计者：

英国原子能管理局

镁诺克斯型反应堆

工业

农业

媒体

交通运输

科学

计算机信息处理

能源

家用

生产商：
英国原子能管理局

1956

当第一个镁诺克斯型反应堆在英国卡德霍尔核电站开始发电时，人们对核能的未来寄予了厚望。但此后数十年来，相关事故层出，备受世人瞩目，发达国家有很多人开始质疑核能的未来，随着2011年福岛核危机的爆发，这种质疑也在此期间达到顶点。然而由于近十年以来石油价格保持了坚挺的上涨势头，同时，可再生能源技术的表现也不尽如人意，导致许多国家的政府开始重新考虑其有关终止或缩减核能项目的决定。

"原子时代"的曙光

第二次世界大战历时六年，将整个世界都卷入了一场前所未有的全面战争。交战双方分别是以美国、英国和原苏联为代表的同盟国集团和以德国、意大利以及日本为首的轴心国集团。对比这场大战，战争结束之后的首个十年鲜明地呈现出了另一幅景象。观看当时的新闻纪录影片，可以看到1945年欧洲胜利日（5月8日）以及太平洋战争胜利日（8月15日）这两天，喜悦的风潮席卷各国首都。然而不得不说的是，为了取得战争的胜利，全世界付出了大约6000万人的生命，这其中也包括同年8月和9月日本原子弹爆炸所杀伤的约15万到25万人口。广岛和长崎两地以可怕的方式遭到了毁灭，原子时代随之拉开了序幕，同时也预示了第三次世界大战将导致何等可怕的后果。随着苏联于1949年成功实现原子弹试爆，它与美国之间脆弱的同盟关系亦降至冰点，两国之间开始了长达40年的冷战。

世界主要强国在发展核轰炸机、核动力潜水艇以及核弹头弹道导弹等杀伤力巨大的核武力量的同时，也在民用领域进行着核能开发。1953年，美国总统艾森豪威尔（1890—1969）在联合国大会发表了《和平利用原子能》的演讲，在演讲中，他承诺自己的国家将"坚定不移地帮助解决原子能所面临的严重困境"。阿尔伯特·爱因斯坦（1879—1955）和罗伯特·J.奥本海默（1904—1967）在此之前曾敦促美国在德国之前抢先研制出原子弹。此时，他们两人又发起大规模运动，呼吁将已被放出瓶中的原子能精灵塞回瓶中去，但却未能如愿。可是在其他人眼中，核能却是一种可以改变世界的清洁能源，能给我们提供几近无穷的廉价电力供应，驱动从汽车到家用锅炉再至真空吸尘器等一切工具。正是在这种混乱的氛围中，世界上第一个商用核电站于1956年在英国西北部坎布里亚郡靠近塞拉菲尔德村的卡德霍尔开始投入使用。

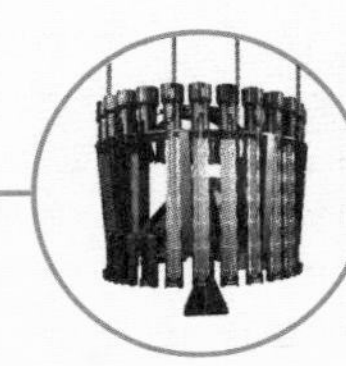

粉碎原子

与很多事物相似，物质的原子学说可以追溯到古希腊。然而直到 18 世纪，随着化学元素的开始发现，人类才得以从现代意义上开启理解物质的大门。在此之后，物理学家又花了一个世纪才发现原子是由更小的粒子——电子和原子核——组成的。前者围绕原子核运动，后者则被认为是固体。最后，在 20 世纪的第一个十年，证据显示原子核是由质子和中子组成。人们随之提出了一个有趣的疑问——假如我们能够分解原子核，将会发生什么？虽然早在 1905 年爱因斯坦就通过自己享誉全球的方程式 $E=mc^2$ 证明了"极少量的质量可以转换成为大量的能量，反之亦然"，但直到 1932 年他还断言道："没有任何一丝迹象表明人类可以获取核能量，因为这意味着原子可以被随意粉碎。"

六年后，两位德国物理学家奥托·哈恩（1879—1968）和弗里德里希·斯特拉斯曼（1902—1980）利用中子轰击铀原子，首度通过试验证明了核裂变的存在，从而证明爱

考尔德·豪尔的美诺克斯反应堆展示，预示着一个新的光明的核未来。

为了能达成这些重大的决定，美利坚合众国在此向座前诸位，也向全世界承诺，将坚定不移地帮助解决原子能所面临的严重困境，并将全心全意找寻一条道路，使人类神奇的创造力不致被用来消灭自身，而是为人类生活作出贡献。

——《和平利用原子能》，1953年美国总统艾森豪威尔的演讲

因斯坦这位伟人的预言是完全错误的。他们两人意识到，链式反应可以维持核裂变的过程。这其中，原子核的分裂产生了更多的中子从而使分裂过程继续进行，直至铀原子全部消耗完毕。这种反应经过控制便可作为一种能源，核反应堆即是一例，但若发生爆炸，这种反应则会释放大量的光能、热能和动能。由于战争迫在眉睫，建设反应堆的竞赛也随之展开。这些反应堆都能够提取浓缩铀来制造核弹生产所需的武器级铀与钚。

和平原子

美国的首批核反应堆生产出了制造第一批原子弹所需的核材料。在原子时代的第一个十年，军事需要不断驱动着美国、英国、法国以及原苏联在本国发展原子能项目。史上首个试验性民用核电站是AM–1号反应堆，位于莫斯科西南62英里（约100公里）的奥布宁斯克，自1954年开始发电。不过在此后十年以内，原苏联并没有再建其他任何民用核反应堆。20世纪50年代，美国的核能应用在军事领域得到了大力发展，这其中包括1955年下水的第一艘核动力潜艇——鹦鹉螺号。

1956年10月，在英国女王伊丽莎白二世（生于1926年）的见证下，世界上第一个大型商用核电站——卡德霍尔核电站——开始发电。卡德霍尔核电站归英国原子能管

核反应堆发展史

芝加哥1号堆 1942年

汉福德反应堆 1943年

实验性增殖反应堆1号 1951年

奥布宁斯克反应堆 1954年

镁诺克斯反应堆 1956年

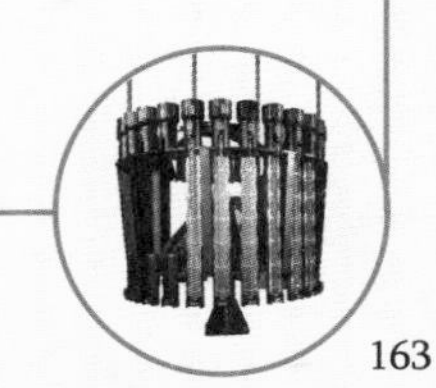

镁诺克斯型反应堆

英国赛兹韦尔核电站冷却系统局部

理局管辖（1954—2004），最初只运行一个镁诺克斯型反应堆，发电量为 60 兆瓦，后来其反应堆数量增加至四个，发电量达到 200—240 兆瓦。在核电站投入运营的前八年，卡德霍尔 1 号反应堆一直担任着双重任务，一方面为英国国家电网供电，另一方面则为英国的核武器项目生产放射性元素钚。英国一共建立了 11 座镁诺克斯型电站，另外还分别向日本和意大利各出口了一座。卡德霍尔核电站于 2003 年关闭，连续运行 47 年没有出现任何大的故障。

解析

镁诺克斯型反应堆

主要特征：

镁诺克斯燃料棒

镁诺克斯是一种由镁、铝以及其他金属组成的合金。镁诺克斯一词的英文 Magnox 源于英文非氧化性镁（magnesiumnon-oxidizing），由未浓缩的铀构成的燃料棒外就覆盖着这种合金。尽管这种合金具有中子俘获截面低的优点，但它却会通过限制堆芯的温度，降低反应堆的热效率。同时，由于镁诺克斯合金遇水会发生反应，镁诺克斯合金燃料棒不可以长时间地储存在水中。

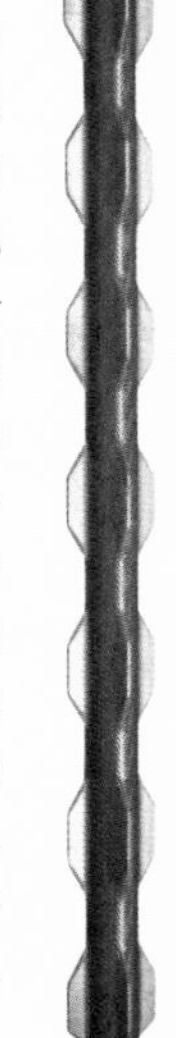

镁诺克斯型核反应堆设计简单，从安全的角度来看，这是一个优点。该反应堆与其他核反应堆相似，也是以铀为动力，但采用的却是铀235含量为0.7%的天然铀，而后来的反应堆设计则都采用铀235含量为2%—3%的浓缩铀。反应堆堆芯安装在一个加压的钢制或混凝土保护壳中。为了保证核反应处于受控状态，并且降低中子的速度，反应堆中有一个石墨慢化剂芯。镁诺克斯合金包覆的燃料棒被插入穿过堆芯的垂直孔道中。可以插入硼控制棒来吸收中子，中止核链式反应。以天然铀为燃料意味着燃料元件的更换频率更高，不过反应堆的设计可以实现在不完全停堆的情况下进行燃料更换。一旦反应堆开始运行，裂变链式反应开始，堆芯便会达到极高的温度，需要对反应堆进行冷却以免发生灾难性的堆芯火灾或熔化。镁诺克斯型反应堆采用二氧化碳气体为冷却剂。炙热的气体通过热交换器将热量传递给水，把水变成水蒸气，从而推动涡轮机发电。

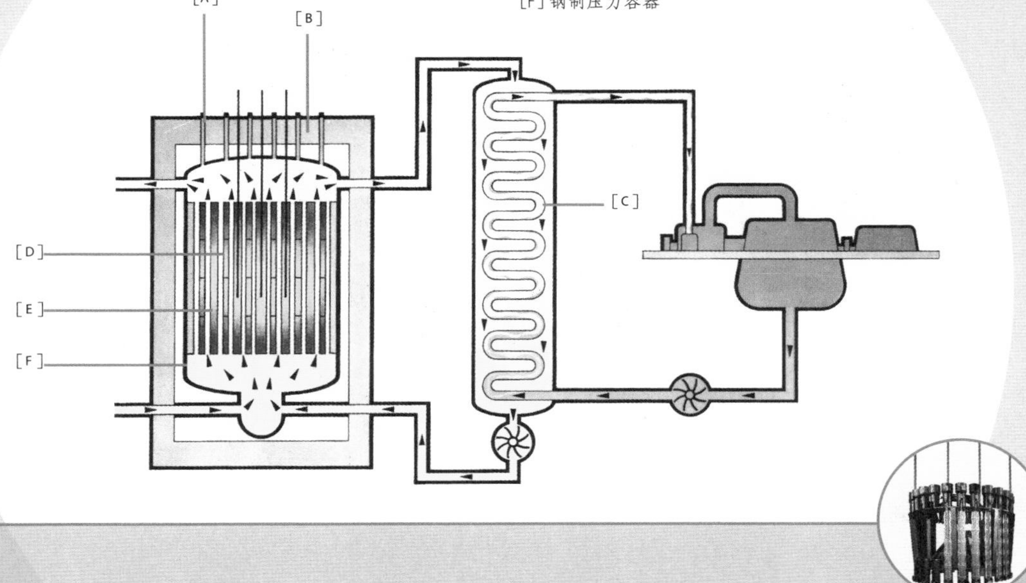

此图展示了一种气冷镁诺克斯型反应堆的基本设计。

39

设计者：
乔治·德沃尔

尤尼梅特 1900 工业机器人

工业

农业

媒体

交通运输

科学

计算机信息处理

能源

家用

生产商：
尤尼梅申有限公司

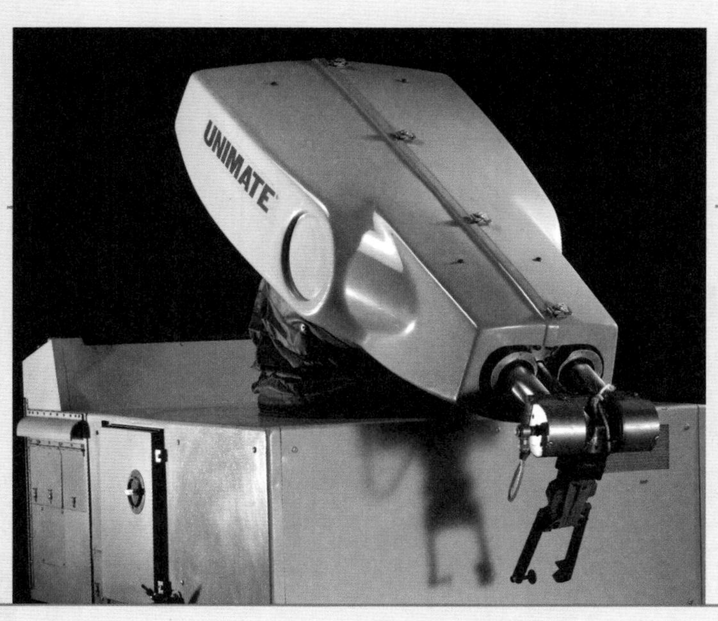

1961

在通用汽车公司位于新泽西州的压铸厂，尤尼梅特工业机器人的安装标志着发达国家开始引入大规模的工业自动化生产，工厂作业亦随之开始转型。虽然尤尼梅特的设计灵感来源于作家艾萨克·阿西莫夫的机器人科幻小说，但是其外观与流行科幻小说中描绘的可以行走交谈的人形机器人并无任何相似之处。

我，尤尼梅特

1966 年，约翰尼·卡森（1925—2005）在《今夜脱口秀》中采访了一位非常特别的嘉宾——尤尼梅特 1900 系列机器人。从网上的在线视频中，我们可以观看到尤尼梅特机器人在节目中成功地完成了几个任务——击高尔夫球入洞，打开一罐啤酒，把酒倒进马克杯，还有指挥节目的现场乐队。这令卡森和他的工作人员以及现场观众感到既惊奇又兴味盎然，而且毫无疑问也让来自尤尼梅申公司的操作者大大松了一口气。虽然这其中也耍了几个小花招，比方说因为尤尼梅特的“手”不够灵敏，会挤坏易拉罐，把酒洒出来，所以罐中有一部分啤酒是冷冻过的。另外，它的“指挥”动作也相当僵硬。但是，尤尼梅特的表演对于生产商尤尼梅申公司、它的创造者——发明家乔治·德沃尔（1912—2011），以及董事长约瑟夫·恩格伯格（生于 1925 年）——来说却是一项绝妙的营销策略。

1961 年，尤尼梅申公司在美国新泽西州尤英镇通用汽车公司的工厂安装了世界上第一台工业机器人。起初，德沃尔和恩格伯

机器人发展史

声控机器人 **1926 年**

日本学天则机器人 **1928 年**

伊莱客机器人 **1937 年**

机器龟埃尔默和埃尔希 **1948 年**

尤尼美特机器人 **1961 年**

1961 年，我们得到一个在通用汽车公司压铸厂测试自己发明的机会……对于压铸机的操作人员对这种替代人力的设备会如何反应，我们感到非常担心。但事实上，他们都认为我们的机器是一个肯定会失败的玩意儿。

——《尤尼梅申公司兴衰录》，G. 曼森著，刊于《机器人杂志》（2010）

格很担心通用汽车公司的工人会反对使用机器人，并设法阻止其引进，因为19世纪时就曾有过纺织工人捣毁机械织布机的先例。然而，通用汽车公司的员工却与他们不同，毫不在乎与机器人产生竞争的可能性。相反，他们都深信尤尼梅特机器人肯定会失败。要实现机械自动化，压铸工作是一个理想的切入点。这项工作又脏又危险，而且很单调。尤尼梅特001型机器人需要拿起刚压铸好，还十分炙热的汽车零件放进冷却液，再将其传递到流水线上，消除这项工作对任何人工操作的需求。

1969年，两件事情的发生确保了尤尼梅特的未来发展，并确立了工业机器人在工业科技中的前沿地位。一是通用汽车公司在俄亥俄州洛兹敦的工厂实现了自动化生产。其生产速度达到了每小时110辆汽车，是其他工厂的2倍。二是日本公司川崎重工取得了尤尼梅申的技术授权，开始面向日本以及东亚生产和销售工业机器人。

自动化汽车生产线上的尤尼梅特机器人

解析

尤尼梅特 1900

主要特征:

可编程性

1966年，恩格伯格在《今晚脱口秀》展示了尤尼梅特机器人的可编程性。所谓可编程性，即将远程控制台插进机器人的手臂中，然后输入机器人需要“学习”和重复的动作的顺序。在这期节目中，尤尼梅特机器人拿指挥棒根据恩格伯格编制的程序指挥了乐队的演奏。

图中是用控制面板给尤尼梅特编写新的任务程序。

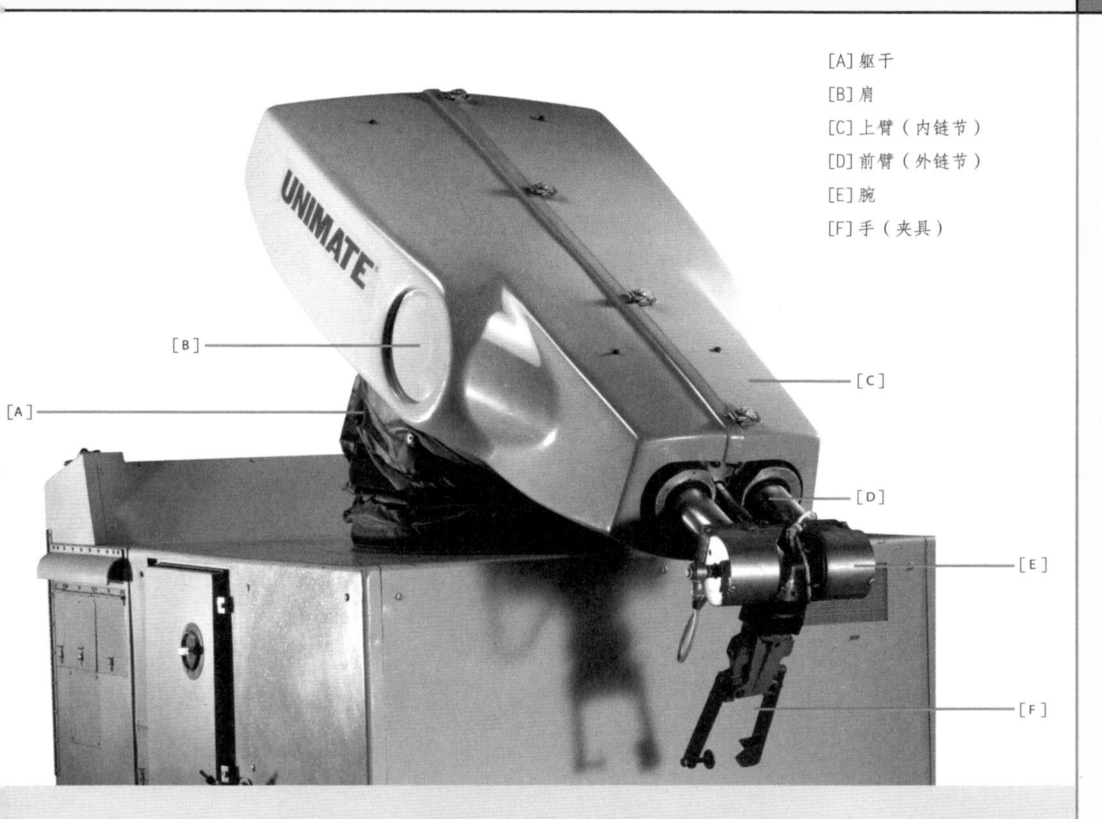

尽管尤尼梅特1900的设计灵感来自于科幻小说家艾萨克·阿西莫夫（1920—1992）笔下的机器人，但它可不是《星际迷航》中的人形机器人罗比。尽管发明家早在20世纪二三十年代就制造出了声控机器人和伊莱克机器人等人形机器人，但它们只能当新奇之物拿来观赏，算不上真正意义上的工业机器人。尤尼梅特可以算是一个可编程的铰接臂，其分步指令存储在磁鼓当中。在尤尼梅特的原型机当中，德沃尔和他的设计团队选择了动作比电机更流畅的液压传动装置。只可惜，当时的液压装置非常原始，还会漏液。机械臂安装在一个大型支架上，可以绕着其“躯干”旋转，并且可以在肩部上下移动。上臂保留了可延伸的“前臂”，但并不像之后型号那样在“肘”处有铰接。机器的“腕”部能够旋转并可以配备不同类型的“手”或曰夹具。1961年在芝加哥一个贸易展上，尤尼梅特的灵巧性首度在公众面前得到了展示。它根据程序捡起字母并拼写出了简单的短语。尽管福特汽车公司对此表示出了兴趣，但是德沃尔的第一个客户却是通用汽车公司。

40

设计者：
沃纳·冯·布劳恩

土星5号运载火箭

工业
农业
媒体
交通运输
科学
计算机信息处理
能源
家用

生产商：
美国国家航空航天局

1967

在第 33 章我们了解到，德国的 V2 火箭构建了美国和原苏联所推行的空间计划的基础。美苏两国花了不到 16 年的时间将人类送上了太空。但原苏联在太空竞赛当中先行获得的成功大大刺痛了美国人的民族自豪感，于是他们设定了一个相当惊人、成本也极为昂贵的目标——在 1969 年之前实现人类登月。而这个计划的实现则需要借助有史以来最大的运载火箭——土星 5 号运载火箭。

历史与未来的会面

1968 年 12 月 20 日，阿波罗 8 号发射的前一天，在位于美国佛罗里达州的火箭试射场肯尼迪中心员工餐厅，阿波罗 8 号的宇航员们坐下来享用发射前的最后一顿午餐。1969 年到 1972 年之间共有六次登月任务。尽管他们的任务并不是其中之一，但他们这一历史性的空间飞行却将在史上第一次带着人类飞离地球轨道并环绕月球飞行。不难想象，餐厅当时的氛围一定相当紧张。在 1961 年到 1968 年之间，无人驾驶火箭遭遇多次失败，但令人惊讶的是只有原苏联宇航员弗拉基米尔・科马罗夫 (1927—1967) 一人不幸丧命。通常情况下，在执行发射任务前，为了防止感染，机组人员是不允许见客的。然而或许由于这次任务意义重大，同时，访客的身份也颇不寻常，才有这一次破例会面。

午餐上这位不速之客名为查尔斯・林德伯格（1902—1974），是历史上首位成功完成单人不着陆飞行横跨大西洋的人。考虑到早期飞行器糟糕的安全记录，林德伯格 1927 年跨大西洋之行的危险程度大概要远高于史上首次月球轨道飞行。在这次午餐会上，林德伯格跟阿波罗 8 号的宇航员们提到了他在 20 世纪 30 年代与火箭研究之父罗伯特・戈达德（1882—1945）的一次会面。戈达德向林德伯格描述了自己对登月之旅的设想，并且认为登月的成本可能要高达一百万美元。事实上阿波罗计划的实际耗资却比戈达德的预想要高出指数倍。仅在 1966 年，美国国家航空航天局的预算就已经高达 45 亿美元，相当于美国当年国民生产总值的 0.5%。在午餐即将结束的时候，林德伯格向宇航员询问火箭升空需要消耗多少燃料。其中的一位宇航员迅速计算了一下回答他说每秒要消耗 20 吨。林德伯格评论说：“明天，你们发射升空第一秒所消耗的燃料将比我一路飞到巴黎所需的燃料多十倍。”

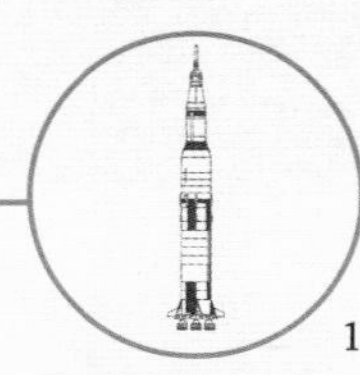

赢得太空竞赛

阿波罗8号发射的八年之前，美国不仅没有阿波罗计划，连能向月球发射无人探测器的火箭都没有。他们能实现的似乎只有跟在原苏联的身后亦步亦趋。1957年，原苏联成功发射史普尼克1号卫星，成为第一个能将卫星发射至地球轨道的国家。1961年4月，尤里·加加林（1934—1968）乘坐东方1号成为史上首个绕地球飞行一周的人，为原苏联的空间成就锦上添花。这令美国总统约翰·肯尼迪深感震动，并于一个月之后在美国上下两院的联席会议上就此发表了讲话。为了重振美国人的自信，他必须提出更为宏大的目标，而他也不负众望——他宣布美国将在60年代之内将人类送上月球。1969年，首次载人登月成功，肯尼迪遵守了自己的诺言，但令人遗憾的是，他在6年之前遭刺客

有史以来被送入太空的最大的人造物体从肯尼迪航天中心点火升空。

枪击身亡。

最终被选中来实现总统愿景的人是德国火箭工程师沃纳·冯·布劳恩（1912—1977），这位工程师曾在第二次世界大战中设计了V2火箭。他与纳粹的历史渊源意味着他在1945年到1957年期间被置身于聚光灯之外。然而由于原苏联在太空领域所取得的成功以及美国海军部的先锋卫星项目不断失败，美国政府将目光投向了正为部队开发木星火箭的冯·布劳恩。得益于冯·布劳恩的努力，美国终于赶上了原苏联的水平，美国国家航空航天局也做好了准备，着手开启20世纪最伟大的科学探险——阿波罗计划。1960年，冯·布劳恩被任命为位于佛罗里达亨茨维尔的马歇尔太空飞行中心的总指挥，同时土星运载火箭计划也正式开始。1963年，科学家提出了几个完成月球任务的不同方案，这其中包括采用多个发射器并在地球轨道上实现航天器对接。经过多方考虑，美国国家航空航天局决定采用单个运载火箭——C5火箭，将指令舱和登月舱发射到月球，并将其更名为土星5号。

沃纳·冯·布劳恩站在土星火箭巨大的S—1—C引擎旁边。

载人飞船

东方1号 **1961年**

水星号 **1961年**

水星－宇宙神6号 **1962年**

东方一号6 **1963年**

X-15 **1963年**

联盟1号 **1967年**

土星5号 **1967年**

首先，我认为在这个十年结束之前，我国应致力于实现一个目标，即成功使人类登陆月球并安全返回地球。当前，没有任何一个太空项目能够比它更加震撼人心，难度更高，耗费更巨，而且在远程空间探索领域，也没有任何一个项目能够比它有更高的重要性。

——摘自美国前总统约翰·肯尼迪(1917—1963)1961年5月的国会演讲

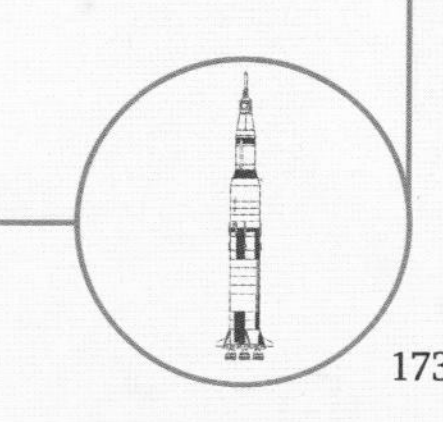

解析

土星5号运载火箭

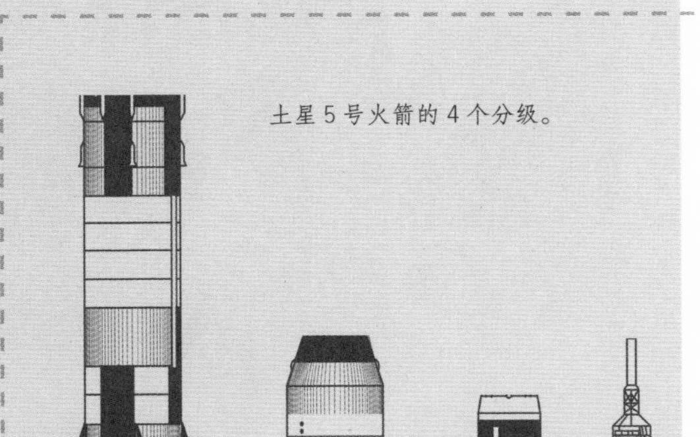

土星5号火箭的4个分级。

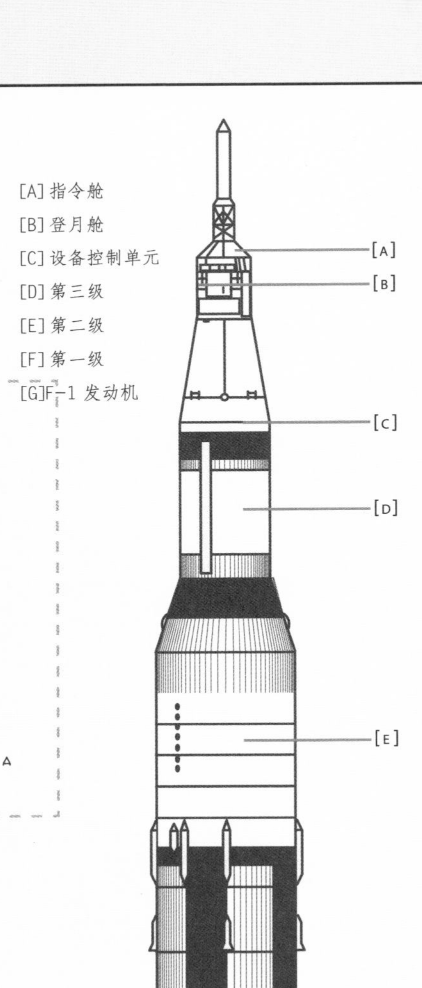

[A] 指令舱
[B] 登月舱
[C] 设备控制单元
[D] 第三级
[E] 第二级
[F] 第一级
[G]F-1 发动机

将有效载荷运输到土星5号最高一级上。

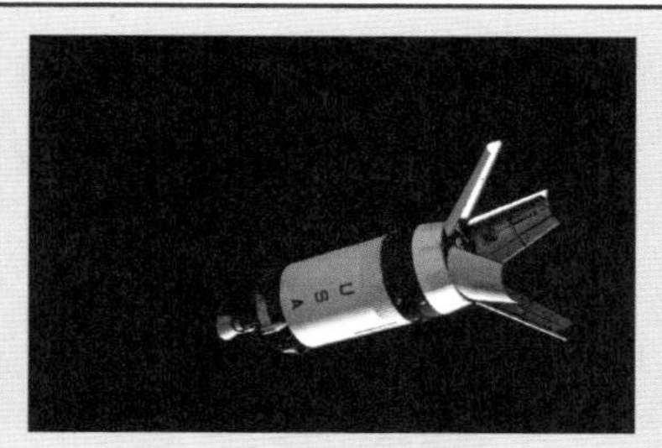

土星五号火箭的第三阶段用于阿波罗7号航班。

任何一位作家在描述土星5号时都会很快就需要对自己所知的最高级词汇搜肠刮肚。让我们先来进行一组对比，以便外行的读者能有更为直观的感受。世界上最大的客机是空客A380-800，它长262英尺（约80米），宽23英尺（约7米），而携带了阿波罗宇宙飞船的土星5号则高363英尺（约111米），直径33英尺（约10米）。一架A380能够搭载519名乘客，而土星5号则只能搭载3名宇航员。A380的最大飞行距离为9500英里（约15300公里），仅为地月距离的1/23。土星5号共分S-IC、S-II以及S-IVB三级，其中每一级都拥有自己的发动机、设备控制单元和有效载荷。与V2火箭相似，土星5号的三级火箭均采用液态氧为助燃剂，但是第一级使用精炼石油（煤油）作为燃料，而第二和第三级使用的则是液氢（LH2）。S-IC的五个F-1发动机能够在168秒之内输出34兆牛顿的推力，将火箭推进到22万英尺（约67公里）的高度。S-II拥有5个J-2发动机，能够输出5.1兆牛顿的推力，把火箭送入高空大气层。S-IVB则拥有一个单独的J-2发动机，这也是唯一一个在执行登月任务中可以起动两次的发动机。设备控制单元位于整个运载火箭的最高处，在火箭点火升空到S-IVB分离过程中对火箭进行全程控制。

主要特征：

有效载荷

虽然人们经常说“东西不在大小”，但是对于火箭来说，大小的意义绝对不容忽略。火星5号的近地轨道有效载荷能力为3306公吨（3000兆牛顿），月球有效载荷则为41000公斤，是唯一能够将阿波罗飞船发射到月球的运载火箭。1973年，最后一枚土星5号运载火箭被改造成了两级火箭，将“天空实验室”送入地球轨道。

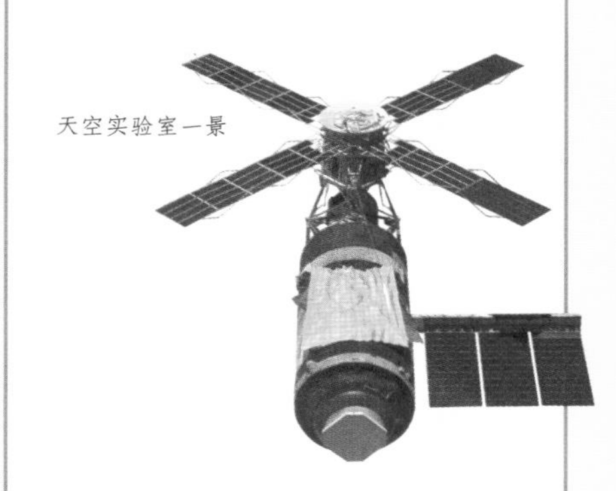

天空实验室一景

土星5号一发射就取得了巨大的加速度。

41

设计者：

戈弗雷·豪斯菲尔德

百代唱片 CT 扫描仪

工业

农业

媒体

交通运输

科学

计算机信息处理

能源

家用

生产商：
百代唱片

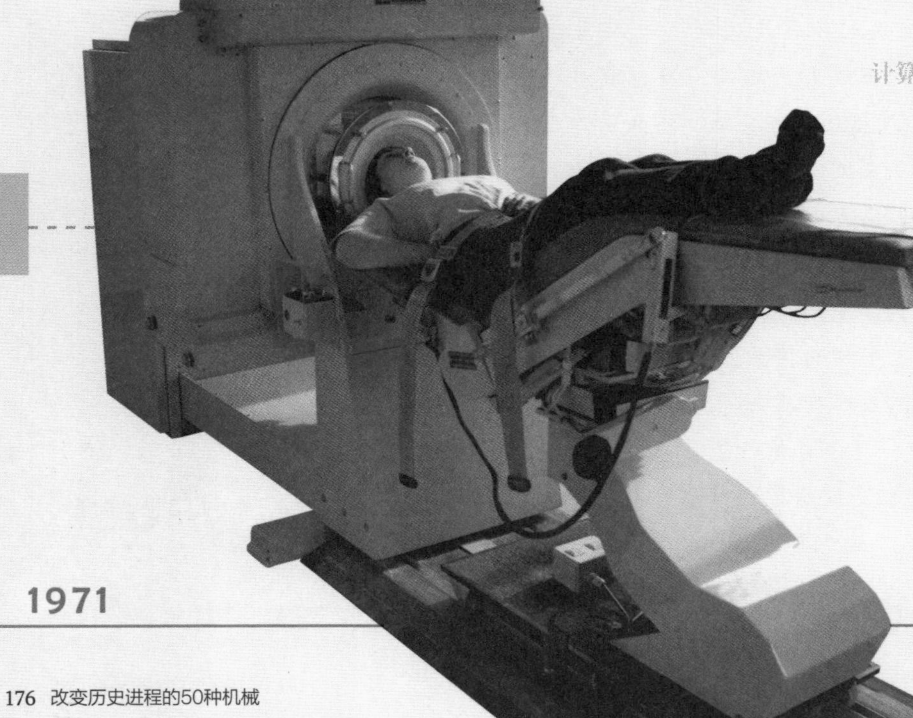

1971

19 世纪后期，X 射线的发现给医学诊断领域带来了革命性的变化。然而，X 射线在成像方面有着一定的局限性，这个问题直到 1971 年百代唱片在医学领域引入计算机断层扫描技术以后才得以解决。之后，CT 扫描仪的发展催生了可以扫描人体内部结构的 3D 成像技术。

披头士与脑部扫描仪

百代唱片以其在 20 世纪 40 年代到 80 年代在音乐业务方面所取得的成就而蜚声国际，但这家公司其实还拥有一个电子设备生产部门。该部门在二战期间负责雷达设备的制造，战后则转而生产广播设备的硬件。1958 年，百代唱片在戈弗雷・豪斯菲尔德（1919—2004）的领导下研发出了英国的第一台晶体管计算机。1962 年，百代唱片与披头士签约，公司也因此盈利。在这些资金的支持下，豪斯菲尔德开始着手开发一个全新的革命性医疗成像系统——X 射线计算断层扫描设备，也就是现在所谓的 CAT 或者 CT 扫描设备。

1967 年，豪斯菲尔德拜访了英国最好的神经病学机构——位于伦敦的英国国立神经病学医院。他提议制造一种可以对患者脑部进行切片成像的新型 X 射线扫描仪。然而，该机构神经放射方面的负责人却回答说当时已有的气脑造影术、平面断层扫描及血管造影等三大技术已经能够为诊断提供足够的图像依据了，他并不认为采用一种新型扫描仪有什么必要。但事实上，他所列举的技术远比不上豪斯菲尔德的建议。以气脑造影术为例，这种方法要求排出患者脑部的大部分脑脊液，并采用一种气体来替代被排出的脑脊液以改善脑部 X 射线的质量。但是这种手术对病人来说却是极为痛苦和危险的，需要两到三个月的恢复期。

虽然遭到了生硬的拒绝，但豪斯菲尔德并未气馁，又来到位于伦敦西南的阿特金森莫利医院，与该院的神经放射领域负责人组织了一次会面。在这里，他获得更好的接待。只花了四年不到的时间，CT 扫描仪就在阿特金森莫利医院输出了首批脑部扫描图像，并在一夜之间彻底改革了神经学领域。尽管早期 CT 扫描的分辨率相对较低（80×80 像素），但却提供了一种无可比拟的诊断工具，并在当时被盛誉为“作用超过一屋子的神经学专家”。CT 技术由美国人独立开发而来，发展到后来，它甚至能够提供大脑和其他组织结构的三维图像。

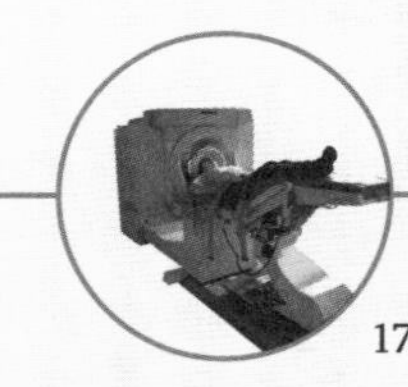

解析

百代唱片 CT 扫描仪

[A]X 射线管

[B] 探测器

[C] 旋转扫描架

[D] 扫描床

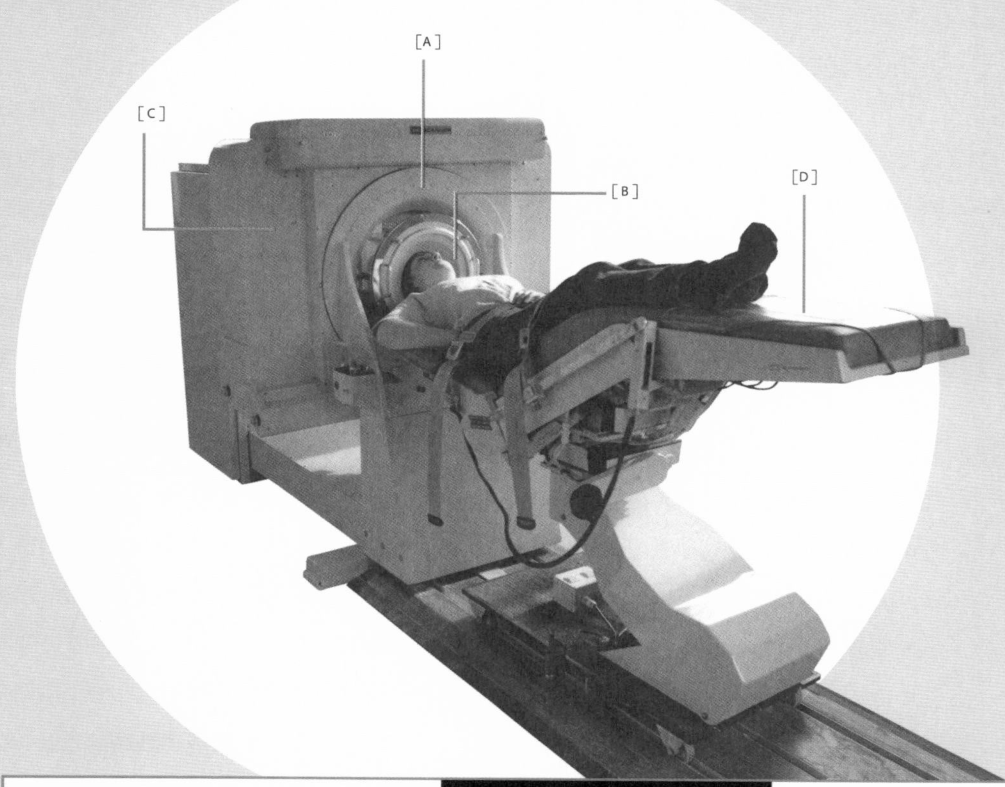

主要特征:

代数重建法

代数重建技术（ART）是一种迭代算法，用于从一系列角投影进行图像重建。1971 年，戈弗雷·豪斯菲尔德在 CT 扫描仪中将该技术与计算机断层扫描技术相结合。

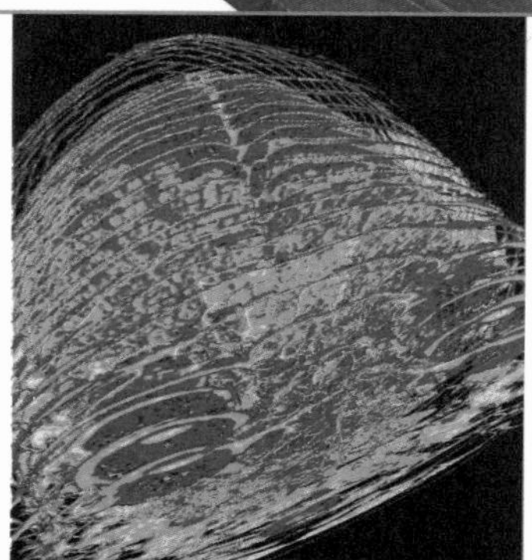

CT 扫描仪生成的脑部与眼部图像

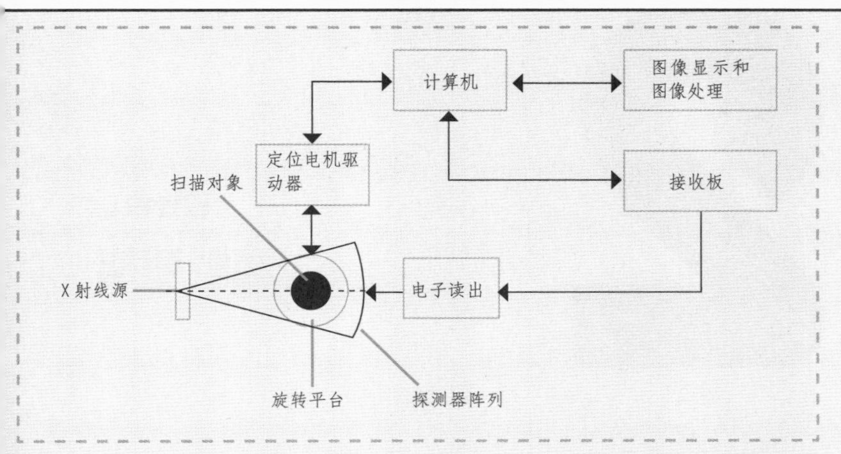

现代CT扫描仪原理图

CT扫描仪是X射线断层扫描技术的发展产物。该技术问世于20世纪初，是一名放射科医生发现的。当时他利用X射线照射患者，X射线管与胶片从相反方向移动，取得了患者体内的断层图像。1971年10月1日，CT扫描仪的第一台原型机在阿特金森莫利医院进行了第一次扫描。由于一开始这台机器只是设计用来进行脑部扫描，所以只有患者的头部被置于其中。1973年，豪斯菲尔德进而研发一款全身扫描仪。扫描仪的移动扫描架顶部安装着X射线管，底部则有一个光电倍增管检测器。操作时，扫描仪经180度角扫描160张平行图像，每次扫描仪需要5分多钟的时间。磁带上的数据被发送至一台大型计算机，通过代数重建技术进行处理，处理过程大概需要花费两个半小时。第一台商用百代唱片CT扫描仪采集图像的时间为4分钟以内，每个图像的计算时间则为7分钟。该扫描仪的商用版要求有一个装满水的有机玻璃箱，并在病人头部围上一个橡胶帽来减少到达探测器的X射线的范围。

数以百计来自世界各地的放射科医生、神经学家和神经外科医生纷纷前往温布尔顿参观阿特金森莫利医院的这台新机器。尽管价格高达惊人的30万美元，但订单还是如潮水一般涌向了百代唱片。

——A. 菲列尔，摘自《神经外科》杂志互联网版（2010）

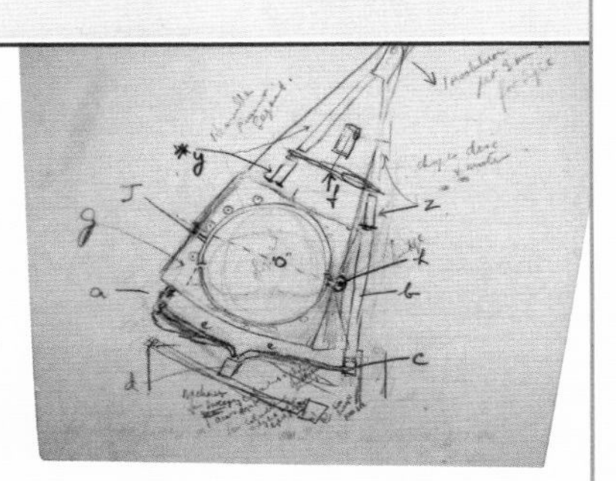

设计者戈弗雷·豪斯菲尔德对扫描仪的素描。

42

设计者：

高野镇雄

JVC 牌 HR-3300EK 录像机

工业

农业

媒体

交通运输

科学

计算机信息处理

能源

家用

生产商：
JVC（杰伟世）公司

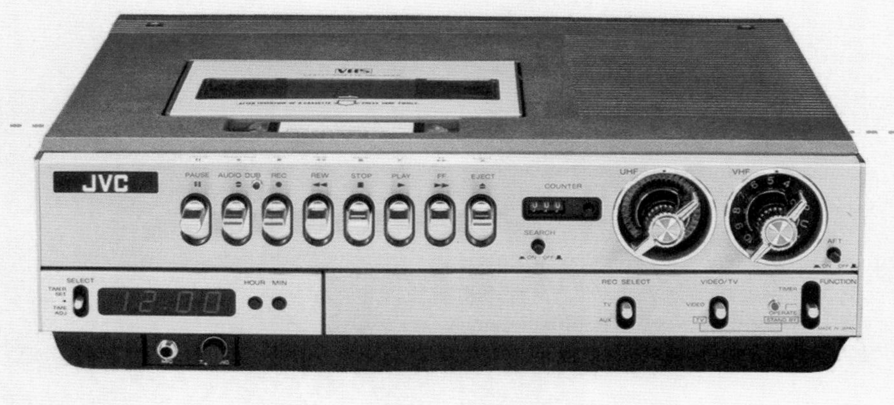

1976

20世纪70年代中期，在磁带上记录声音和图像已经不算是什么新鲜概念。卷式磁带录像机甫一问世，人们就发明了供专业使用的卷式磁带视频技术。真正的竞争发生在视频格式领域。截至1976年，这场厮杀只剩两大参与者——索尼公司的Betamax格式与松下杰伟世公司的家用录像系统VHS格式。

全面战争

20世纪70年代后半期最惨烈的“战争”并不是超级大国之间披着殖民地外衣的争端。1975年，越南战争结束，美国、原苏联与中国随之进入了一段虽说关系仍然相当冷淡，但不失平静的和平共处时期。在这场泰坦之战中下场捉对厮杀的是日本两大电子公司巨头——索尼公司以及JVC的母公司松下电器公司，而战场则是利润丰厚的家庭录像机市场。录像并不是一项新技术，早在20世纪50年代安培电器公司就开发出了卷式磁带录像机。20世纪70年代，荷兰电子公司飞利浦推出了N1500录影带格式，希望能如其1963年推出的卡式录音带一般再度取得巨大的成功，然而形势的发展并未如飞利浦所愿。此外在1970年代中期，日本人占据着全世界电子行业的领导地位。因此对于哪一种日本格式会成为世界标准，不论是普通消费者还是行业分析师全都拭目以待。由于未能就日本该采用何种标准达成一致，索尼公司于1975年推出了Betamax格式，希望能够在竞争中稳居对手JVC上风。而JVC则分别于1976年在亚洲和欧洲以及1977年在美国发布了VHS格式。在这场格式之争最激烈的时候，敌视情绪甚至蔓延到

Betamax与VHS之间的格式之战演变成了“赢家通吃”的局面……媒体行业之前就曾见证过格式之间的竞争，比如世纪之初发生在爱迪生的唱筒式留声机和贝利纳的唱盘式留声机之间的竞争，以及后来的45转唱片与密纹黑胶唱片之争……而从另一方面来说，视频的格式的共存意味着巨大的问题。

——《吾来，吾观，吾拍》(2001)，F.瓦塞尔著

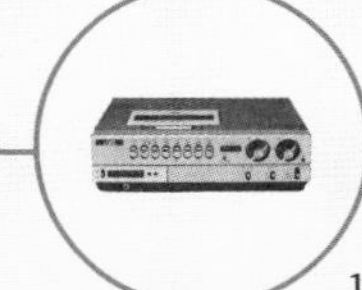

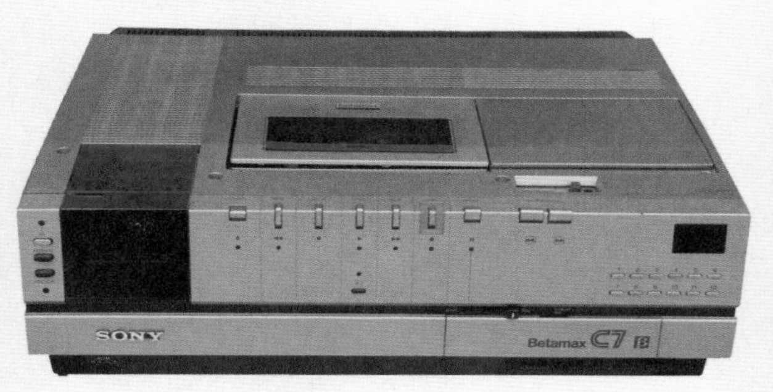

索尼的 Betamax 格式播放器（下图），以及 Betamax 与 VHS 磁带的大小对比（左图）。

了这两家公司的用户之间，两派用户各自为自己的选择而发声。Betamax 的支持者认为 Betamax 磁带不仅体积更小巧，更方便储存，而且有着更好的音质和画质。而 VHS 一方则反驳说 Betamax 磁带的时长只有 60 分钟，而 VHS 则可以达到 120 分钟，并且不久以后就扩展到了 240 分钟，而这刚巧可以录完一场美国国家橄榄球联盟超级碗比赛。尽管它们的录像音质和画质要稍逊一筹，但成本却比索尼的机器要低得多。结果证明，更长的磁带时长与低成本的结合对于消费者来说有着无与伦比的吸引力。

解析

HR-3300EK 录像机

主要特征：

VHS盒式录影带

VHS 盒式录影带拥有一个 7x4x1 英寸（约 17.8x10x2.5 厘米）的塑料外壳以及一个翻盖，以便在磁带位于机器之外时提供保护。在最初的 VHS 格式中，音频都是记录在磁带上部边缘的线性音轨上。HR-3300EK 可以只用来录制声音，但在录制音频的同时，录像功能也会打开，只不过在回放时画面是一片空白。

VHS 盒式录影带的前视图

VHS 盒式录影带的后视图

即使对于使用IPOD一代长大的人来说，HR-3300EK的操作键也并不会令人感到陌生。“播放”“停止”“倒退”“前进”“录音”“弹出”这些键都无需解释，不过HR-3300EK还有一个“音频复制”键用于录制声音。所有操作键都有物理锁，因此在播放录像时如果你想选择“前进”或者“倒退”，需要先按下“停止”键。另有八个按钮排成一排用来选择要观看或者录制的频道。在频道下方的三个开关是机器的模式、输入以及输出选择器。必须将三个开关全都设置在正确的位置上才可以正确录制、播放或者是观看。对于一些对此不甚理解的使用者来说非常好的一点改进就是，之后的产品将这项功能改成了自动设置。数字时钟和定时器设置在机器的左下角。在按下弹出键时，磁带仓会垂直弹出以便插入或者取出磁带。随着使用者按下播放键，机器会将磁带拉出并缠绕在磁头鼓上。磁头鼓在NTSC模式下的转速为每分钟1800转，PAL模式下则为每分钟1500转。送带的动作又被称为“M型进带”。这是因为送带柱将磁带拉出并缠绕住一半磁头鼓的样子与字母M的形状非常相似。

[A] 操作键
[B] 计数器
[C] 频道选择器
[D] 时钟
[E] 计时器控件
[F] 小时 / 分钟
[G] 磁带仓
[H] 主要功能选择器
[I] 输出选择器
[J] 录像选择器

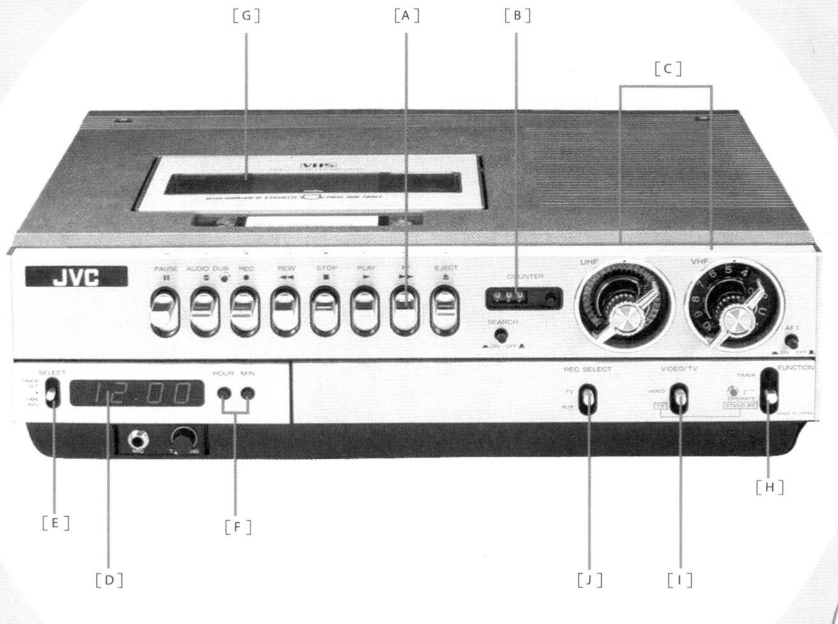

设计者：

杰伊·米勒

雅达利 2600 游戏机

工业

农业

媒体

交通运输

科学

计算机信息处理技术

能源

家用

生产商：
雅达利公司

想化身王牌飞行员、赛车冠军、网球巨星和太空探索者吗？有了雅达利设计的视频计算机系统，这一切只需花上一个下午。全新的计算机电子游戏系统专为家庭电视而设计，精心为您献上最复杂刺激的电子游戏。

——雅达利媒体广告，1977 年

1977

雅达利 2600 游戏机不仅是史上第一台游戏主机，而且在一个时代的少年儿童之间确立了电子游戏的地位。它的问世永远地改变了童年的游戏和玩具，并且创造出了“荧屏前的一代”。这一代人更喜欢待在屋内与自己的电视电脑互动，而不是到室外或者游戏室玩耍。

杀手级游戏

笔者这一代人所玩的玩具大部分都是由没有生命的木头、金属和塑料做成的。我们只有发挥充分的想象力才能跟这些玩具“互动”起来。随着年龄的长大，这些玩具变成了装电池的电动小汽车、火车还有笔者的最爱——轨道车模竞赛。长到十几岁时，我和朋友们开始去游戏室里玩。当时，游戏室里主要还是以弹球机为主，但开始出现一种名为电子游戏机的机器，而且一开始其中的游戏也非常简单，比如 1972 年的乒乓球游戏。很快，复杂程度更高的机器就盛行开来，于是有人开始尝试将游戏室里的电子游戏改造成能在家里玩的游戏机。但是由于这种游戏机只能玩一种游戏，而且通常都是游戏室里早已过时的游戏，所以销售情况非常惨淡。

包括芯片设计师杰伊·麦纳（1932—1994）在内的雅达利研发团队决定开发一款可以为用户带来最大灵活性的多游戏平台。发布于 1977 年的视频计算机系统 VCS 提供了当时最先进的音频和图像。不久之后，该系统被重新命名为雅达利 2600 游戏机。通过美国希尔斯百货公司的连锁网络销售，这款产品极其畅销，但它仍然需要一款杀手级游戏才能使自己跻身那个年代的必备玩具之列。1978 年，日本游戏设计师西角友宏（生于 1944 年）设计了一款席卷了整个游戏世界的游戏——《太空侵略者》。游戏的灵感来自于 1898 年的科幻小说《世界大战》。游戏玩家需要操纵自己的激光炮对抗一排排不断下落而且长着触角的外星人。随着雅达利在 1980 年发布这款游戏的 VCS 版本，他们也找到了自己的杀手级游戏。雅达利 2600 游戏机的销量远超所有的竞争对手，而它的巨大成功也令行业内的自满之情暗暗滋生，成为导致 1983 年美国游戏业萧条事件的因素之一。

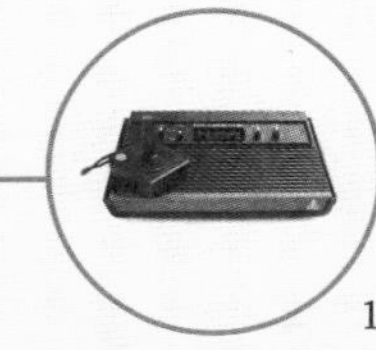

解析

雅达利 2600

[A] 电源
[B] 电视信号选择器
[C] 难度（玩家 A）
[D] 游戏卡
[E] 难度（玩家 B）
[F] 游戏选择
[G] 复位

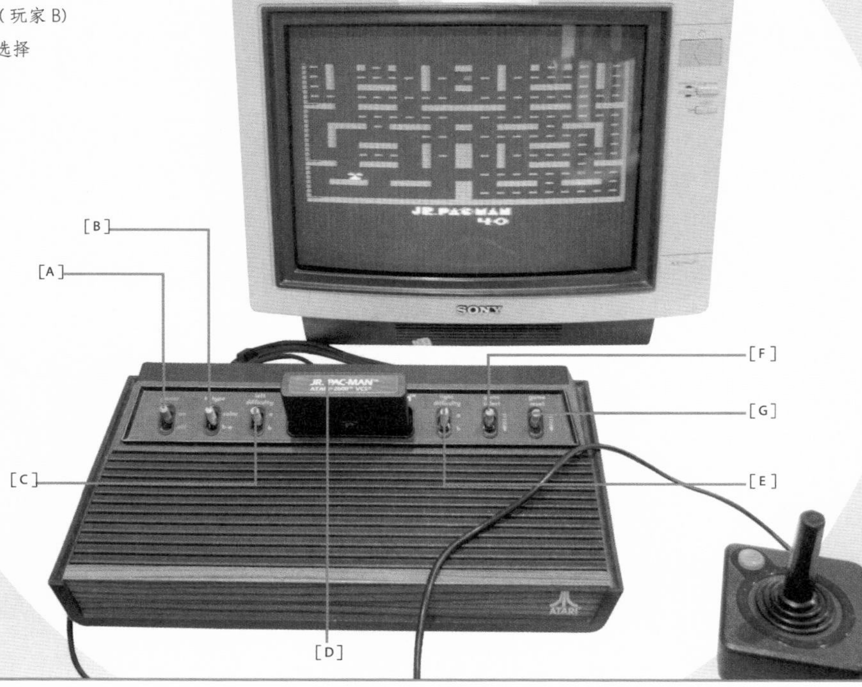

主要特征：

电视转接适配器

雅达利游戏机与现代计算机及游戏操纵杆最显著的区别在于其工作内存。雅达利的内存勉强够用，只有区区 128 字节。在当时，内存的成本极为高昂，稍稍增加一点内存都会令游戏机变成高不可攀的奢侈品。麦纳的解决方案就是完全取消帧缓存，以其电视转接适配器取而代之，从各寄存器在各扫描线上生成五个独立的图形对象以及游戏区域。单色的游戏区域可显示 128 色，由一个 20 位宽的寄存器组成，该寄存器可以镜像到屏幕的另一半，变成 40 位宽。5 个图形对象分别是“玩家 A”和“玩家 B”（两条单色 8 像素的横线）；两个单色“导弹”（宽度在 1 到 8 像素之间变化的横线）以及一个球（与游戏区域颜色相同的横线）。

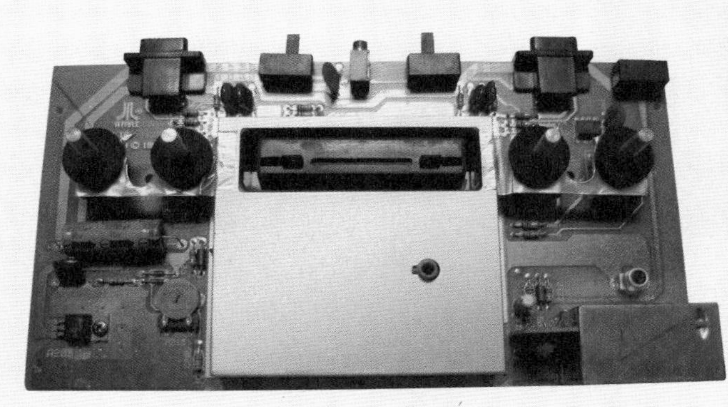

这是维德 2600 的主板，与2600A 的主板相同。

在早期的型号中，雅达利游戏机顶部有一排六个开关，被游戏卡插口分为两组，每组三个。从左到右的开关分别为电源、黑白或彩色电视、难度（玩家A）、难度（玩家B）、游戏选择以及复位。两个难度开关后来与两个外接设备端口以及电视端口一起移到了后面。这两个端口用于游戏机配备的两个操纵杆、两个脚踏式操控器等外接设备。雅达利2600游戏机内置10款游戏。早期的游戏机都是将游戏存储在自己的内部芯片上，而雅达利系统则与此不同，它的游戏都是存储在游戏卡自身的只读存储器芯片上。

雅达利 2600 游戏机的"踏板"式操控器。

雅达利游戏机外观风格多样，其中包括这种木壳款。

44

设计者：

盛田昭夫

索尼 TPS-L2 随身听

工业

农业

媒体

交通运输

科学

计算机信息处理技术

能源

家用

生产商：
索尼公司

1979

虽然并不能说索尼 TPS-L2 型随身听是世界上第一台便携式音乐设备，但却是它成功向全世界传播了便携式音乐设备以及播放内容个性化定制的理念。它在商业领域所取得的巨大成功确立了日本在之后二十年内在消费电子领域的世界领导地位。

从未化为现实的发明

1972 年，生于 1945 年的安德烈亚斯·帕维尔在个人娱乐领域提出了一个革命性的概念——一种便携式卡带播放器，帕维尔称之为“立体声带”。相信诸位读者对此全都毫无概念，这是因为好几家大型电子产品公司都对帕维尔的这个想法不感兴趣，他们都认为消费者不会愿意戴着耳机在公共场合被人看见。1978 年，帕维尔申请了专利保护。但是还不等他的专利获得授权，索尼公司就在 1979 年发布了 TPS-L2 型产品。在经过发布初期几次不成功的产品命名后，这一产品最终以索尼“随身听”这一誉满全球的品牌名称而广为人知。

毫无悬念，帕维尔起诉了索尼，而双方之间的这场诉讼也演变成了一场《圣经》中大卫挑战巨人歌利亚一般的对决，只不过为这场战斗画上句号的并不是大卫手中的弹弓，而是更致命的武器——律师。这场浩大的官司整整持续了四分之一个世纪。2004 年，索尼和帕维尔最终达成庭外和解。和解金额并未公开，但有消息说金额高达约千万美元。尽管迟来了 32 年，播放音频磁带的随身听也早已被摆到了博物馆过时科技的展架上，但帕维尔终归获得了认可、金钱以及一个完满的结局。

20 世纪 70 年代，个人立体声设备的发明已是在弦之箭。从技术角度来看，此类设备并没有什么特别新颖之处。1963 年，飞利浦推出了录音带以及拥有内置扬声器的小型磁带录音机兼播放器。而耳机的历史则可以

最初，随身听在美国的产品名称是“Soundabout（意为与声音有关）”，在英国叫“Stowaway”（意为收藏或藏身处等），而在澳大利亚则被命名为“Freestyle”（意为自由的风格）。然而由于随身听便携式立体声在日本的大受欢迎，到日本旅游的海外游客也开始购买随身听作为纪念品，最终使“随身听”一词为海外国家所接受。

——索尼新闻稿，1999 年

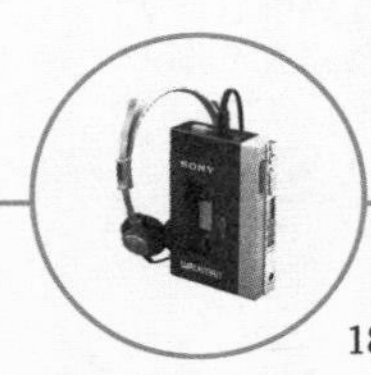

机身为银黑两色的索尼随身听及其皮带夹和塑料电池盒。盒中装有供耗电严重的随身听所需的备用电池。

追溯到无线电诞生的时代。帕维尔发现，在大多数电子企业高管眼中，所谓听音乐就是在客厅里把自己最喜欢的贝多芬黑胶唱片用存放在红木柜里的高保真音响播放出来，而不是在腰带上挂着个人立体声，头戴耳机在大街上晃荡。但是他们却没能注意到，青少年十几年来一直在辛苦地自行收集自己喜欢的音乐磁带，希望有一个播放器能让他们把自己的音乐带到卧室之外的地方。可是索尼公司有三个人认识到了这种需求及其背后巨大的市场潜力，他们分别是该公司年过七旬的创始人井深大(1908—1997)、58 岁的董事长盛田昭夫（出生于 1921 年）及其磁带部门经理 46 岁的大兽根幸三（出生于 1933 年）。

解析

索尼 TPS—L2 型随身听

主要特征:

“随身听”理念

索尼随身听首先是一个出色的市场营销概念，利用播放内容的个性化，它不仅满足了个人对随身欣赏音乐的需求，也创造了这一需求。这一产品以青少年群体为目标客户，确立了日本在消费电子领域的主导地位。1979 年，随身听一词的英文 Walkman 还是一个听起来很怪异的日式英语单词，但到了 1986 年，该词则被收录进了《牛津英语词典》。

图为 1987 年面世的太阳能随身听，是当时庞大而又日益壮大的随身听大家族中的一员。

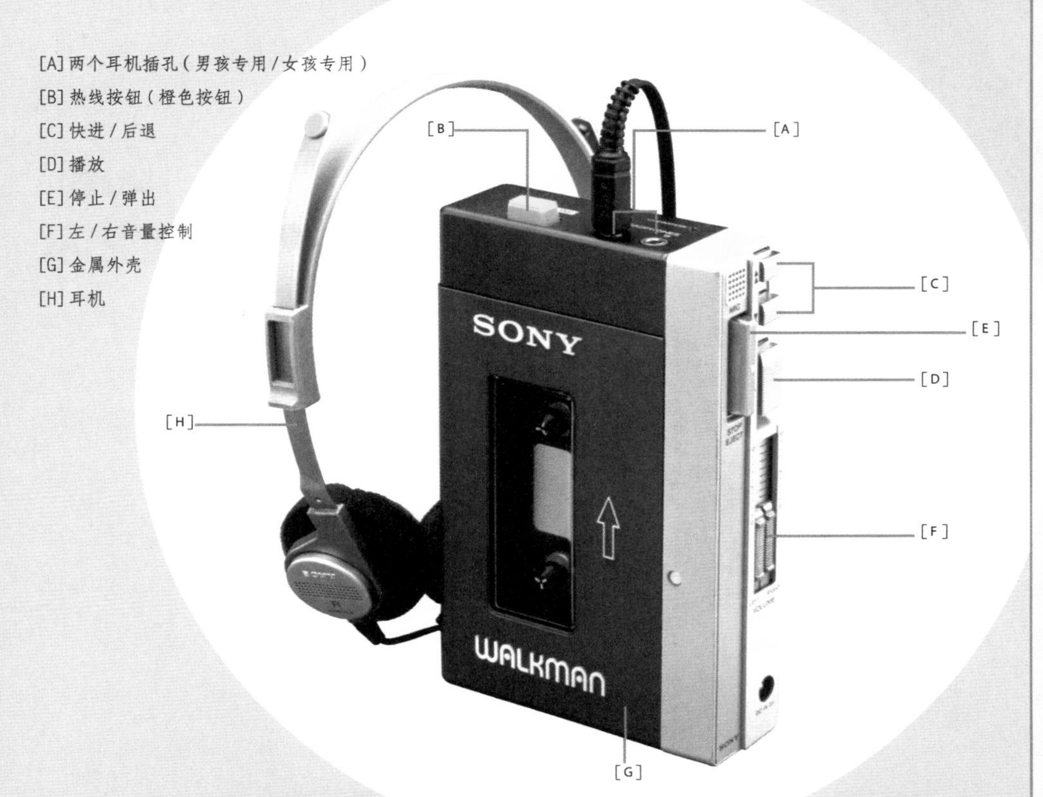

据说当井深大、盛田昭夫以及大兽根幸三决定发展随身听时，他们在索尼公司内部遭遇了相当大的阻力。不过他们有一款现成的小型录音机可以进行改造，这就是名为“新闻人”的TCM-600，专为记者进行录音采访而设计。大兽根幸三的团队拿掉了这款产品之中所有可以拿掉的部件，包括录音电路、录音和暂停键、麦克风插口、消音磁头、扬声器以及计数器，从而在最大程度上降低产品的大小、重量和成本，并另外安装了一个立体声磁头，还在主控制键（播放、快进、快退、停止/弹出）侧下方加了两个滑动式音量控制键。

该随声听仅附带一副MDR-312耳机，但配两个耳机插孔，带有“男孩&女孩”标签。耳机插孔旁边是一个橙色的“热线”按钮，可以使音乐淡出，并混入一个内部小麦克风的声音输出。这样头戴耳机的两个人就可以不必中止磁带播放，也能听清对方或者第三方的声音了。尽管这款随身听最初的设计目的并不是听音乐，而是听讲话，但人们认为其硬件的声音还原质量极好。这款产品具有标志性蓝色银色相间外壳，在销售时配有一个塑料电池仓和一个皮带夹。

45

设计者：
亨里克·斯蒂尔斯达尔

维斯塔斯 HVK10 型风力发电机

工业
农业
媒体
交通运输
科学
计算机信息处理技术
能源
家用

生产商：
维斯塔斯公司

1979

当各国政府与能源企业在核裂变和核聚变的研究以及原油储量勘探领域耗费了数十亿美元巨资的时候，丹麦的草根房屋自建一族则专注于设计机器来收集大自然中的一种免费可再生能源——风能。亨里克·斯蒂尔斯达尔所设计的维斯塔斯 HVK-15 型风力发电机就是 1979 年丹麦开发出的多种商用风力发电机之一。

随风而动

1978 年的丹麦，两个人站的一片田地里昂首注视着一个看上去像是螺旋桨飞机和电力铁塔碰撞后的混合体。这两人分别是亨里克·斯蒂尔斯达尔和卡尔·埃瑞克·约根森（1982 年逝世）。70 年代中期，在丹麦有许多风能爱好者热衷于设计和建造风力发电机为自己在乡村中的住所发电，他们两人也是其中的一员。这是约根森的第二台风力发电机。在斯蒂尔斯达尔的说服下，他在原有的双叶片设计的基础上另外增加了一个叶片。当时尚未大学毕业的斯蒂尔斯达尔是他在赫伯格风能（HVK）的同事，并在后来成为他的合伙人。这台涡轮机采用了诞生只有一年的创业工厂奥克尔定制的玻璃纤维转子。尽管在技术方面尚有包括对空气制动系统彻底重新设计在内的更多困难需要克服，但在不到一年的时间里，羽翼未丰的 HVK 就拥有了一款具有 30 千瓦发电能力的涡轮机产品。

利用风能发电是最古老的发电技术之一。人类社会早在古代就出现了风力驱动设备，世界上第一个风车可以追溯到公元 9 世纪的伊朗。利用风车发电的想法出现在 19 世纪晚期，但是在燃煤的蒸汽机时代和烧油的内燃机时代，人们几乎没有开发太阳能和风能等可再生能源的需求。

然而，到了 20 世纪 70 年代晚期，在经历 1973 年石油危机的同时，全世界也开始对核能的前景感到失望。而在丹麦这样一个除了丰富的风能资源之外，并没有什么其他

技术问题再难也难不住一个有着科学观念的大学生。说它复杂，是因为它综合涉及了多个技术领域，包括发电机系统、变速箱控制系统以及塔式建筑等等。

——亨里克·斯蒂尔斯达尔（生于 1957 年）

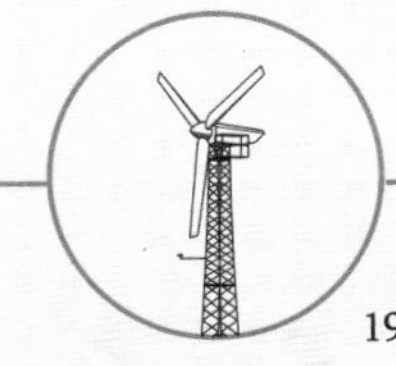

丹麦的维斯塔斯公司在世界风力发电技术领域仍然处于领先地位。

全国性能源的国家，这些房屋自建一族之所以会建造风力发电机，并不仅仅是出于对环境保护考虑，他们还希望能够为自己的家庭和企业提供成本低廉的能源。在完善了自己的第一款商业涡轮机之后，HVK 公司与农业设备制造商维斯塔斯签署了一份授权协议，于 1979 年开始生产 HVK10 型风力发电机。维斯塔斯公司与其他丹麦风能创业公司卡兰特、诺德坦克以及博诺斯一起，在风力发电领域推出了所谓“丹麦理念”，即在风力发电机中，齿轮箱位于转子和发电机之间，鼠笼式异步发电机直接与电网相连，电网频率与发电机的极对数确定发电机转速。在高风速情况下，采用失速效应限制功率的输出。

解析

维斯塔斯HVK10型风力发电机

主要特征：

叶端空气制动装置

1978 年，HVK 的原型机与另一台安装了奥克尔叶片的丹麦产涡轮机在高风速条件下均遭遇了毁灭性的失败。尽管这两台涡轮机都拥有内置轮毂制动器，但却没有发挥作用，导致涡轮机严重受损。为解决这个问题，HVK 与奥克尔设计出了第一款安装在叶片端部的空气制动器。在早期产品中，空气制动器均位于叶片外部，但由于这种设计噪音太大，之后被内部空气制动装置所取代。

风力发电机通常位于山顶，以便面对主要风向。

维斯塔斯HVK10型产品是一款水平轴风力发电机，装有3个16英尺（约4.9米）长的玻璃纤维奥克尔5型叶片，其中转子长33英尺（约10米），发电能力为30千瓦。该产品还有一种较小的型号，拥有10英尺（约3米）长的叶片，转子为19.6英尺（约6米），其发电能力为22千瓦。与安装在实心塔座上的后期设计不同，早期的维斯塔斯涡轮机产品采用金属格状塔座进行支撑。为了取得最大效率，风力发电机需要具备旋转能力，以便面向吹来的风。在一些小型风力发电机中，这可以借助风向标来实现，但是对于一些大型风力发电机来说，则要求有独立的由风向标和风速计控制的偏航驱动系统。风流经叶片带动与主低速轴相连的转子转动。低速轴激活变速箱，带动发电机旋转，产生电力输出。风力发电机既可以组合起来，在与国家或地区电力基础设施并网的风力发电厂中发电，也可以如“丹麦理念”所设想的那样，为单一住宅、农场或者车间供电。

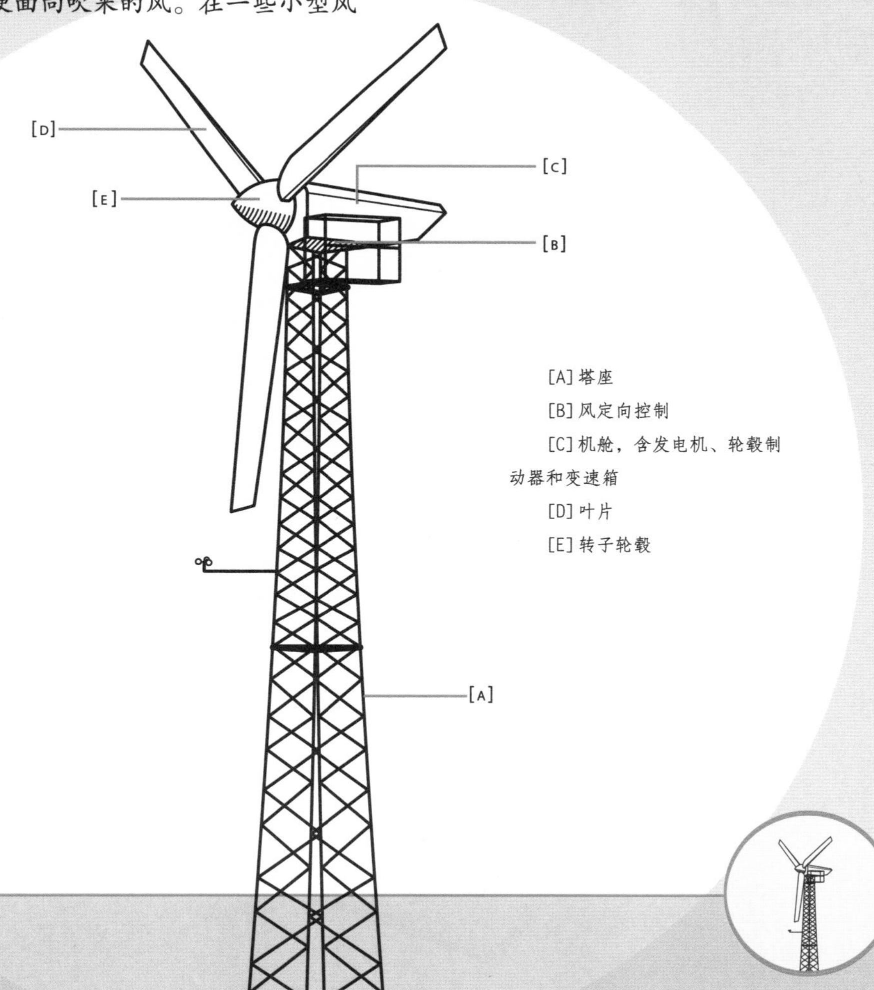

[A] 塔座

[B] 风定向控制

[C] 机舱，含发电机、轮毂制动器和变速箱

[D] 叶片

[E] 转子轮毂

46

设计者：

唐·埃斯特利奇

IBM 5150 型个人电脑

工业

农业

媒体

交通运输

科学

计算机信息处理技术

能源

家用

生产商：
IBM

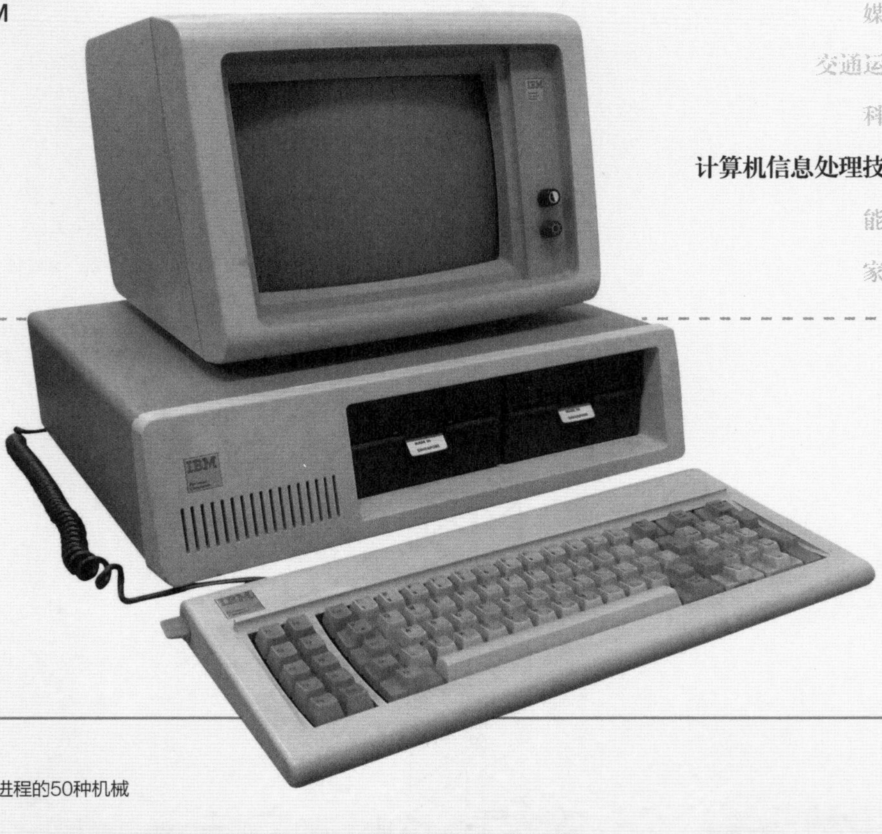

1981

20 世纪 70 年代末 80 年代初，第一代家用个人电脑开始走入人们的生活，并给人类社会和文化的发展带来了难以预估的巨大影响。IBM 5150 型个人电脑以及它的许多兼容机首先给工作和教育领域带来了革命性的变化，然后它们走入家庭，化身为多用途工作站和娱乐中心。20 世纪 90 年代，台式机和笔记本电脑的身影已然变得无处不在，此时的它们即将把我们所有人都与万维网联系起来。

从大型主机到卧室电脑

笔者与 20 世纪 70 年代后期西方的其他大学生一样，尽管不论宿舍还是图书馆都没有电脑，但仍然可以说是能接触到这一事物的。这台电脑是计算机系的一台大型主机，足有一个房间那么大，得预约一个计算机房的终端才可以使用它。而且使用电脑也不是一件容易的事，因为你首先得懂编程。由于当时没有任何便捷的文字处理程序，没人能想到可以用它来完成像文字处理这样复杂的工作。当时要处理这种工作，人们都是用打字机解决。如果你幸运又多金，那可以用电动打字机，否则你只能像我一样慢慢用手打了。尽管这会令从小就有 IPAD 可用的这一代人感到非常惊讶，但没有 2GB 容量硬盘可用的我们也过着相当正常与幸福的生活。

在前文讲述巴贝奇的“差分机”时，我们首次接触到了“计算机”的概念。差分机是一台用于计算多项式函数的大型机械手摇式计算器。不过我们在许多很久之后才问世的机器身上都可以看到它的影子，如基本的可编程性和打印机。1936 年，英国数学天才艾伦・图灵（1912—1954）奠定了现代计算机科学基础。虽然图灵因自己的性取向问题遭受迫害而自杀，但在后来所有与现代计算机相关的描述中，人们都将计算机称为“图灵机”以纪念他的卓越贡献。二战期间，图灵曾经在英国从事密码破解计算机——巨人计算机——的研究。于此同时，德国和美国则分别发展出了自己的计算机 Z3 和埃尼阿克（ENIAC，意即电子数字积分计算机）等等。这些军用超级计算机体积庞大，堪比建筑物，由数以万计的真空管和继电器组成。

1947 年，晶体管问世，并在 1955 年的时候全面取代了计算机内的真空管。一开始，计算机输入采用的是打孔卡或者穿孔带，不过不久之后就换成了磁带。20 世纪 50 年代，电脑开始变得更小、更快，也更便宜，当时 IBM 的650 型电脑只有2000磅（约907公斤）重。但这离便携式家庭个人电脑的问世仍然有很长的路要走。20 世纪 60 年代，世界见证了微处理器的发展。1971 年，英特尔推出了自己的第一款 4 位元中央处理器——英

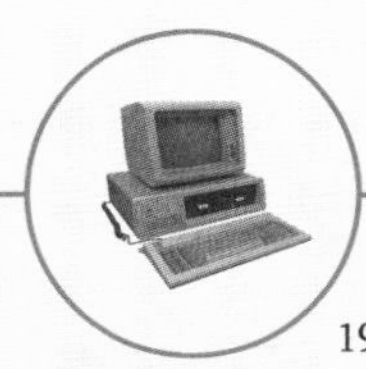

特尔 4004。

1977 年三大电脑

尽管早在 20 世纪 70 年代市场上就出现了第一批独立的便携式计算机，但是销量都非常低，而且通常都是以套件的形式卖给电脑发烧友。1977 年，几个月内相继推出的三款电脑拉开了微型计算机大众消费时代的序幕。这三款电脑分别是科莫多宠物 PET（意即个人电子处理器）、苹果 II 和坦迪无线电器公司的雷莎 TRS-80，后来人们称其为“三大电脑”。这其中，科莫多宠物电脑键盘较小，外观类似于计算器，因此表现最为平淡。苹果 II 已经显示出了其独特的苹果机风格，并且配备了 QWERY 标准英文键盘，拥有色彩和图形处理能力，因此虽然是三大电脑中最为昂贵的一款产品，但也是产品生命最悠久、销量也最出色的一款电脑。雷莎 TRS-80 将其中央处理器与键盘整合在一起，拥有独立的显示器与电源。虽然它没有苹果那么先进，但也配备了 QWERY 标准英文键盘，同时体积小巧，价格也只有苹果的一半。

看到三大电脑以及问世于 1978 年的雅达利 400/800 游戏机所取得的巨大成功，当时世界上最大的计算机制造商美国国际商用机器公司 IBM，决定开展微型计算机业务。代号为“象棋计划”的 IBM 个人电脑开发项目跳过了 IBM 公司研发所需进行的常规程序。由于团队带头人唐·埃斯特利奇（1937—1985）希望产品能尽快推向市场，所以他的团队将目光瞄准了市场上的现成产品，采购来源既包括其他制造商，也包括 IBM 自己。虽然它的键盘和主机都是采用原创设计，但是其监视器却是来自 IBM 日本，打印机则来自于爱普生。IBM 开发这款产品大约花了一年的时间，于 1981 年 8 月将其推向市场，基本型号的售价高达 1565 美元。不过整个过程中影响最为深远的决定也许就是埃斯特利奇并没有选择 IBM 自己的处理器和操作系统，而是选择了英特尔 8088 处理器搭配微软的 DOS1.0 系统。IBM 个人电脑所取得的巨大成功保证了比尔·盖茨（出生于 1955 年）所开发的 DOS 系统在后来成为世界上最主流的操作系统

外接贺氏调制解调器的早期苹果家用电脑。

东芝 1100 型电脑，众多涌入市场的 IBM 个人电脑兼容机之一。

克隆电脑的进攻

尽管 IBM 台式电脑及其众多兼容机并不是最早的“个人电脑”，但这个词很快就成了这些产品的同义词。一年之后，包括康柏公司的“便携式兼容性个人电脑”在内的第一批 IBM 产品兼容机问世。在个人电脑搭配微软 DOS 操作系统模式的猛烈冲击下，其他所有操作系统和电脑结构都在几年之内逐渐退出市场。但这其中有一个例外，就是苹果公司，该公司在 1984 年推出了自己的第一款“麦金塔”苹果机。就在 IBM 与美国的制造商们为这款改变世界的创新产品而感到自豪时，这种志得意满之情亦将面临来自日本强劲的挑战。东芝公司不仅拥有预测消费者需求的能力，而且还将产品如索尼随身听一般以合理价格打包出售。基于这两点，1985 年，该公司推出了其第一款畅销笔记本电脑——T1100。

19 世纪 80 年代以后，随着打字机的大范围推广，任何与打字相关的领域，其从业人员都是以女性为主。不过在 IBM 个人电脑问世之后，打字员被数据录入人员所取代，管理人员也需要学习如何独立输入自己的信件和报告。除了工作场所，个人电脑也逐渐渗透到家庭当中，深刻改变了游戏产业以及教育领域，并且十年之内成为接入万维网的平台。

个人电脑发展史

施乐阿尔托	1973 年
牵牛星微型计算机	1974 年
科莫多宠物计算机 2001	1977 年
苹果 II 电脑	1977 年
坦迪 TRS-80	1977 年
雅达利 400/800	1978 年
TI-99/4 个人电脑	1979 年
辛克莱 ZX-80	1980 年
VIC-20	1981 年
IBM5150 个人电脑	1981 年

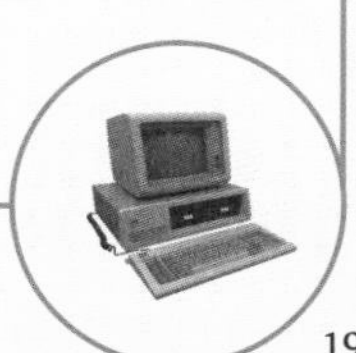

解析

IBM 5150 型个人电脑

[A] 键盘
[B]A 软盘驱动器
[C]B 软盘驱动器
[D] 主机
[E] 屏幕

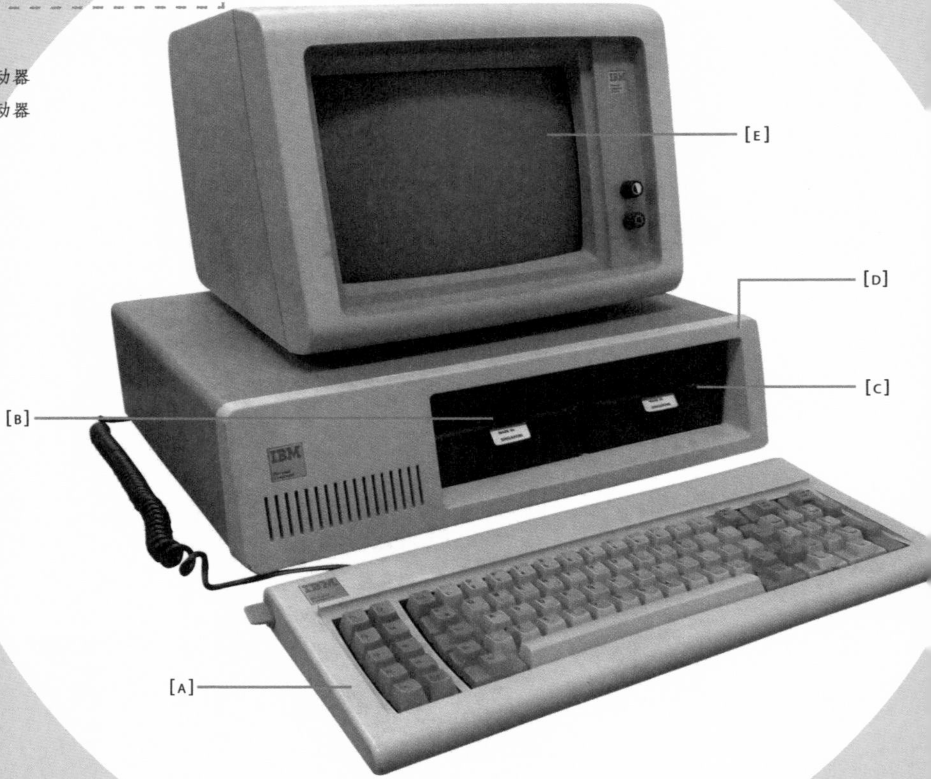

[E]
[D]
[C]
[B]
[A]

IBM 很自豪地宣布一款能让您产生兴趣的产品。这是一种工具，可以很快现身于您的书桌上、家中或是孩子们的教室里。它将深刻变革您的工作和学习方式，为您处理生活难题、享受生活乐趣带来耳目一新的变化。

——IBM 报刊广告，1981 年

撇开巨大的CRT显示器不谈，今天看来，IBM个人电脑仍然像是我们常见的台式机，有着令人熟悉的屏幕、主机以及键盘配置。然而在操作和性能方面，它却与今天的台式机大相径庭。该电脑的CPU为英特尔8088，运行微软的V.1.0 DOS系统，内存则仅有640KB，而微软的V.1.0 DOS操作系统更是跟现代的操作系统有着天壤之别。你或许会问，那么硬盘有多大容量呢？要知道，当时光盘和CD尚未诞生，因此个人电脑的所有程序和工作都是通过两个5.25英寸（13.3厘米）的软盘驱动器完成的，驱动器所使用软盘的容量为160KB或者360KB。要在IBM电脑上工作，你就得不停地像击鼓传花一般更换磁盘。在最初的理念中，电脑的主存储器是一个外部盒式磁带驱动器。然而由于DOS只卖磁盘格式，这种磁带式的想法从未实现过。1983年，其中一个软盘驱动器被一个10MB的硬盘所取代。IBM个人电脑的键盘树立了行业标准，不过一开始，键盘内置设计了一个令人厌烦的咔哒声。毫无疑问，这是想提醒用户打字机键盘那令人舒心的声音，不过这个设计很快就被淘汰了。

IBM 个人电脑的键盘最初内置有一种令人厌烦的咔嗒声，好让用户想起打字机来，但是这很快就被淘汰了。

主要特征：

个人电脑的理念

尽管 IBM 个人电脑既不是最早的个人电脑，可能也不是同时代最先进的，但是它稳固地确立了自己在家庭、学校以及工作场所的地位。其兼容机的市场主导地位同样也确保了 DOS 系统以及后来的视窗系统等微软公司操作系统的垄断地位。

5150 电脑的 5¼” 软盘驱动器及 DOS 1.1 系统软盘。

1981年 IBM 个人电脑的主板，该主板的内存为 16KB，可扩展到 64KB。

47

设计者：
戴尔·海瑟灵顿

贺氏智能调制解调器 300

工业
农业
媒体
交通运输
科学
计算机信息处理技术
能源
家用

生产商：
贺氏电脑制品公司

互联网究竟是什么？简单来说，它是一个交换数字化数据的全球性网络。其交换方式是，无论一台电脑身在何处，只要配备了所谓的“调制解调器”装置，都可以发出一种鸭子被卡祖笛噎住的声音。

——戴夫·巴里（出生于 1947 年）

1981

20 世纪 70 年代后期家用电脑的发展和 1981 年 IBM 个人电脑的推出给人们带来了现成的电脑终端。它们可以通过固定电话线连接起来，组成更为复杂的计算机网络，并最终成长为万维网。但在我们今天所了解的互联网现身之前，我们首先需要一款能将散落在世界各地的成千上万台个人电脑连接起来的设备，这就是调制解调器。

连接至上

20 世纪 80 年代之前，不为美国和西欧的某些政府机构和大学工作的人是从来没有听说过各种从电子层面把电脑连接起来的"网络"的。但是早在 70 年代早期，就已经有人开始通过 FTP 来交换文件和发送邮件，而且从 1978 年开始互相发送"垃圾邮件"。20 世纪 80 年代晚期，笔者的工作地是在日本。我仍然能记得自己第一次给位于纽约的办公室发送电子邮件时有多么震撼。那封信我大概是先手写出来，然后再打到屏幕上去的。虽然已经记不清当时发送电子邮件用的具体是什么方法，但它是通过调制解调器从一台个人电脑兼容机发出去的。当时那台调制解调器复杂得简直有如天书，我们不得不找来 IT 技术人员为我们把它设置好，建立实时连接。当然，可能只过了几个礼拜，我们就开始互相乱发电子邮件了。

与今天的无缝自动 30 兆无线路由器式调制解调器所建立的连接相比，300 比特速率的调制解调器简直慢得令人难以置信。在消息和文件发送到一半的时候，常常会碰上线路故障或者电脑死机，而这意味一切都要重来一遍。幸运的是，在 1981 年，丹尼斯・贺氏（出生于 1950 年）和戴尔・海瑟灵顿（出生于 1948 年）开发出了第一台全自动调制解调器——智能调制解调器 300 以及贺氏标准命令集。这款调制解调器只需插到电话插口就可以实现拨号、应答以及挂断，完全不依赖电话。早期调制解调器使用了一个声学系统将数据通过电话线进行传送，因而会发出一种标志性的被戴夫・巴里比作"鸭子被卡祖笛噎住的声音"。

戴尔・海瑟灵顿及贺氏 80-103 型 300bps 调制解调器原型机

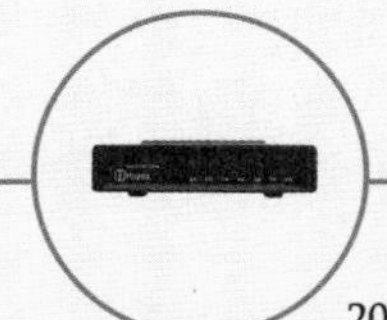

48

设计者:

勒罗伊·霍德

应用生物系统公司 370 型 DNA 测序器

工业

农业

媒体

交通运输

科学

计算机信息处理技术

能源

家用

生产商:
应用生物系统公司

我们所开发的工具应用范围十分广泛，它可以用来发现与疾病相关的基因和蛋白质以及可能影响药物安全性和有效性的基因多态性……提供危险病原体的早期检测，还可以为重大罪案的侦破提供有罪与否的强大证据。

——C.布瑞克，摘自《应用生物系统》(2006)，施普林格著

1987

人类基因组测序计划是20世纪后期科学家发起的最宏大的科学项目之一，其规模不亚于阿波罗登月计划以及大型强子对撞机的建设。现在，基因组的绘制正在深刻地改变着预防医学以及疾病的诊断和治疗。

破解人类基因密码

要想阅读一些与代码破解真正有关的文字，那就忘掉《达芬奇密码》或者英国第一台电子计算机如何破解二战时德军的英格玛密码机吧，这简直是小儿科。人类基因组计划开始于1990年，由国际资金支持，其目标是绘制并破译人类基因组。人类的基因组包括23对染色体，携带25000个单个基因以及许多其他信息。这些染色体由33亿DNA碱基对组成。碱基对又分为腺嘌呤、鸟嘌呤、胞核嘌呤以及胸腺嘌呤（A、G、C、T）四类核苷。该基因破译和测序项目总共花费了13年时间，耗资30亿美元。

19世纪晚期，人们首度在人类细胞中认识到了DNA的存在。1927年，遗传学家提出，遗传特征有可能是由细胞核内的化学机制控制的。但是直到1953年，詹姆斯·沃森（出生于1928年）、弗朗西斯·克里克（1916—2004）以及罗莎琳·富兰克林（1920—1958）才创建出了DNA双螺旋结构的第一个精准模型。尽管人类此时已经理解了基因组的基本结构，但其复杂性仍然令人望而却步。科学家开发出的第一种基因测序方法不仅十分耗时，复杂程度高，而且还要用到有毒化学品和放射性物质。1986年，加州理工学院的勒罗伊·霍德（出生于1938年）研发了一种半自动的染色终止子测序机，该机器采用四种荧光染料对核苷碱基对进行识别和扫描。

应用生物系统公司获得授权后，花费了一年时间将这台机器的原型机开发成为史上第一台全自动DNA测序机——ABI370A。借助这种全新的测序技术，人类基因组计划完成速度大大加快，而且成本也大幅下降。2003年，要想对某个人的基因进行测序，成本高达30亿美元。而到2014年，其成本则下降到了约1000美元。

瑞士生物学家兼医生约翰内斯·弗里德里希·米歇尔（1844—1895）是史上第一个分离出核酸的人。

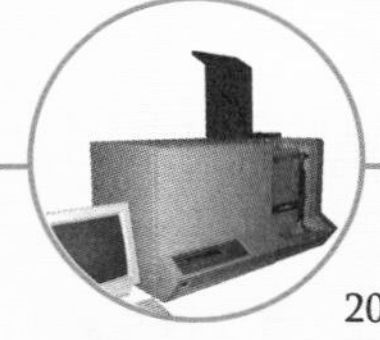

应用生物系统公司370型DNA测序器

49

设计者：

莱曼·斯皮策

哈勃空间望远镜

工业

农业

媒体

交通运输

科学 

计算机信息处理技术

能源

家用

生产商：
珀金埃尔默公司

1990

哈勃望远镜1990年被送入轨道之后，受累于自身建造过程中的人为失误，它的表现并不尽如人意。然而在1993年修复完成之后，这架望远镜开始向我们提供与那些极度黯淡与遥远星体有关的最清晰的图像，向我们揭示出宇宙现在的结构。同时，它还给我们展示了宇宙那遥远的过去。这是因为，站在地球上的我们向外看得越远，在时间的长河中，我们抵达的过去也就越久远。

视力模糊的哈勃

所有人都这么做过，不管是蛋糕的新配方还是车库储物架套件，只要严格遵照说明书操作，那结果都会令人欢喜。然而，一旦发现在开始的时候有什么非常不起眼但又举足轻重的东西量错了，那整个都要前功尽弃。倘若这只是家庭装修或者烘焙这么简单的事情，那推倒重来就可以了。但如果这是在你头顶上347英里（约558公里）处绕轨道飞行的一架太空望远镜，事情可就不简单了。1990年4月，发现号航天飞机将哈勃太空望远镜送入轨道。但只过了几个周，天文学家就发现哈勃望远镜有一个非常严重的缺陷。

一份对图像的分析显示，哈勃94英寸（约2.4米）的主镜形状有误。尽管尺寸只差2/1000毫米，但是却足以导致来自非常遥远

太空望远镜和天文台

名称	年份
轨道太阳天文台	1962年
国际紫外线探测器	1978年
红外天文卫星	1983年
宇宙背景探测者	1989年
哈勃空间望远镜	1990年

我们发现它们越来越小，也越来越黯淡，而且数量还在不断增加，于是我们意识到，我们正在进入太空空间，而且越来越深入。看到用最大的望远镜才能够探测到的最黯淡的星云时，我们知道，我们已经到达了已知宇宙的边缘。

——埃德温·哈勃(1889—1953)

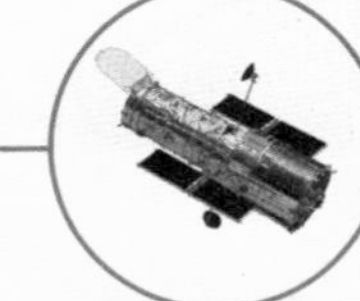

的对象的图像产生失真，而对这些对象的研究正是哈勃的主要目标之一。

天文学家莱曼·斯皮策（1914—1997）于1946 年首先提出了建设天基光学望远镜的想法。然而人类当时才刚刚开始尝试在地球大气层以外进行探索。他认为陆基光学望远镜的分辨率遭到了地球大气层的严重削弱，当然，也受到了云层的严重影响。但要实现他的想法，斯皮策还要再等待几十年的时间，空间技术才能达到将望远镜送入到轨道的水平，并且有足够的资金从阿波罗计划当中释放出来。发现自己的毕生心血因一个本可避免的人为错误而毁于一旦，想必对斯皮策来说是一个非常沉重的打击。不过美国国家航空航天局 1993 年提出了一个解决方案。简单来说，就是给哈勃望远镜安上一副“眼镜”，来纠正这种图像失真。

哈勃望远镜 2004 年 3 月拍摄的土星图像。

解析

哈勃空间望远镜

哈勃望远镜在轨道上绕地球运行。

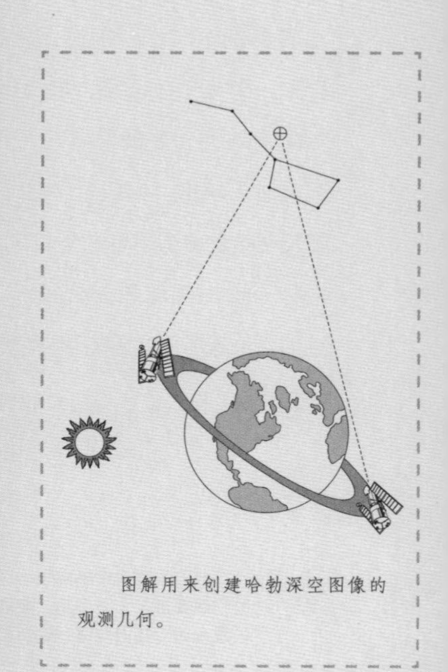

图解用来创建哈勃深空图像的观测几何。

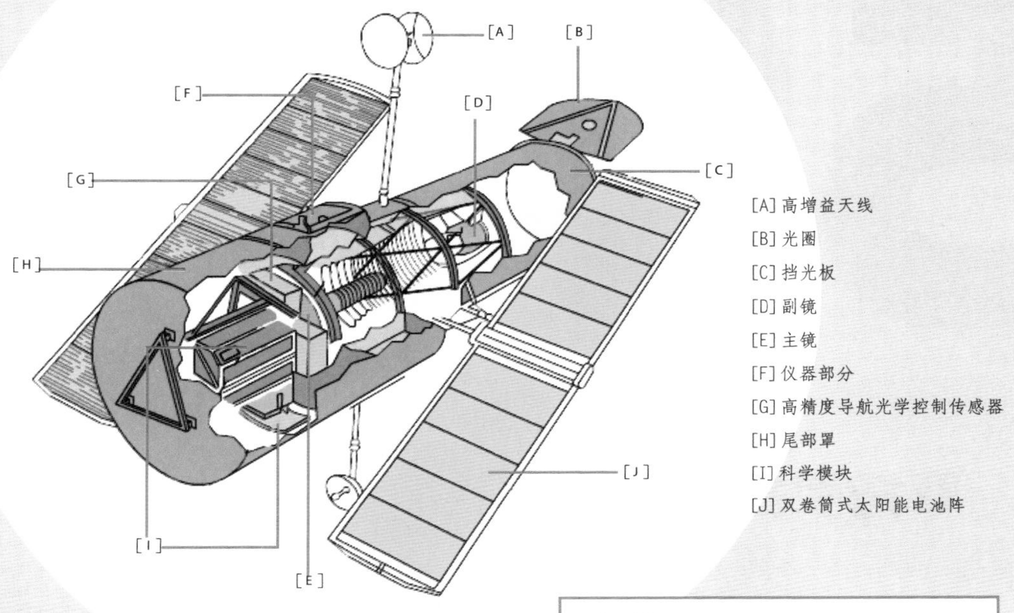

[A] 高增益天线
[B] 光圈
[C] 挡光板
[D] 副镜
[E] 主镜
[F] 仪器部分
[G] 高精度导航光学控制传感器
[H] 尾部罩
[I] 科学模块
[J] 双卷筒式太阳能电池阵

主要特征:

天基望远镜

哈勃望远镜之所以远优于任何一架陆基望远镜，并不是因为它的主镜尺寸，地面上有很多望远镜的主镜都比它的大，亦不是因为它的电子设备复杂程度高，而是因为它所处的近地轨道可以避免地球大气层所造成的图像失真现象。哈勃的轨道周期为 97 分钟，一天之内就可以对天空进行 14 到 15 次全面扫描。

哈勃空间望远镜是一架传统的光学望远镜，在大气层之外进行工作。它采用一种名为里奇克莱琴望远镜的设计，该设计是大型光学望远镜的标准设计。42.3英尺（约13米）长的外壳包裹着主镜。主镜将自己观测的物体所发出的光线反射到一个稍小一点的副镜上，后者将这些光线聚焦起来发送给科学组件。然后，科学组件将图像记录下来，并将其传送回地球进行进一步处理和计算机增强。最初，仪器组件中共包括广域和行星照相机、戈达德高解析摄谱仪、高速光度计、暗天体照相机和暗天体摄谱仪五种科研仪器，可应对可见光与紫外线。哈勃望远镜上的紫外线仪器的表现比地面上任何同类仪器都要先进。这是因为大多数紫外线在到达地面之前都已经被大气层过滤掉了。哈勃望远镜的动力源于主外壳两侧两个太阳能电池阵。不过由于哈勃望远镜不具备推进系统，预计它将在2019到2032年之间脱离轨道，坠毁到地球上。

50

设计者：

马丁·库帕

摩托罗拉掌中宝手机

生产商：
摩托罗拉

工业
农业
媒体
交通运输
科学
计计算机信息处理技术
能源
家用

1996

本书所要讲述的最后一项发明影响了人类文明的方方面面，而且随着其全部潜能的逐步释放，其影响也在不断扩大。尽管比起我们今天所使用的智能手机来，摩托罗拉掌中宝手机缺乏很多功能，但凭借其基本的语音与短信功能，这款翻盖手机被公认为是一款突破性的手机设计，是那个时代的 iPhone。

“接我回飞船，史考提！”

1973 年 4 月 3 日，在纽约发生了近代媒体通信史上最为重要的事件之一，该事件的意义堪比亚历山大·格雷厄姆·贝尔打通的第一个电话，也可以媲美约翰·洛基·贝尔德的第一次电视广播。此时此地，摩托罗拉公司的研发负责人马丁·库帕（出生于 1928 年）首次对使用便携式手机拨打电话进行了公开展示。他拨打电话所使用的那款摩托罗拉大哥大手机的原型机重量高达 2.2 磅（约 1 公斤），电池可用时间仅 35 分钟，通话时间则只有 20 分钟。但是正如库帕后来回忆所说：“这个并不是一个大问题，因为那个手机太沉了，你举不了那么长时间。”这之后又经过十年时间的研发工作，美国的第一个手机网络才在芝加哥投入使用，并采用重量已经大幅减轻的大哥大 8000X 型。

移动电话发展史

第一次无线电呼叫车辆	**1906 年**
AT&T 移动电话服务	**1947 年**
第一部车载电话	**1956 年**
第一部大哥大电话	**1973 年**
美国第一个手机网络	**1983 年**
英国第一个手机网络	**1984 年**
摩托罗拉掌中宝	**1996 年**

我们完全想不到仅仅花了 35 年时间，全世界就有大半人口都用上了手机，而且他们还免费给人们手机用。

——马丁·库帕（生于 1928 年），手机的发明人

移动电话的开山鼻祖——摩托罗拉大哥大 8000X 手机。

一年之后，英国向市场推出了其首个“移动电话”服务，但大多数人都不愿意花几千块钱高价到处带着个像砖头一样的设备打电话。笔者就坚持十多年都采用在家用电话答录机，在外用寻呼机的方法。然而，1996 年，从大哥大开始就一直致力于减小其电话尺寸和成本的摩托罗拉公司推出了一款全新的机型。这款手机即将彻底改变整个手机市场以及像笔者这样的电话用户。在 1989 年 MicroTAC 机型大获成功的基础上，摩托罗拉发布了鲁迪・特罗洛普（出生于 1930 年）设计的掌中宝手机。毫无疑问，这款手机的一大亮点就是它与《星际迷航》（Star Trek）系列漫画中的翻盖式通讯器极为相似。估计厂商在为这款手机选择风格和英文名称 StarTAC 时就利用了这一点。

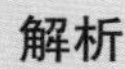

摩托罗拉掌中宝手机

主要特征:

翻盖设计

1989 年推出的 MicroTAC 手机曾被称为“世界上最小的手机”，可以装进衬衫口袋里，但是它的翻盖只有一半，可以盖住手机键盘。而且和掌中宝手机相比，它仍然相对较大，也比较笨重。面对智能手机尺寸和重量的不断增加，掌中宝翻盖手机仍然是有史以来设计最为紧凑的手机。

爱立信第一部手机的便携性体验并不佳。

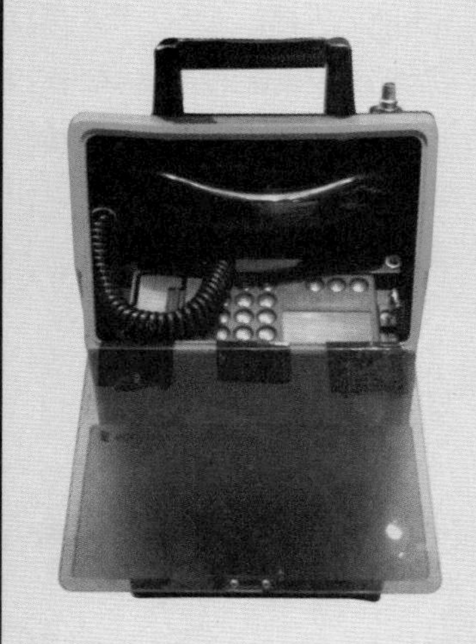

考虑到1973年手机甫一问世时砖头一般的样子，掌中宝可谓将手机小型化做到了极致。它重3.6盎司（约102克），尺寸为3.7×2×1英寸(约9.3×5.0×2.5厘米)。尽管以今天智能手机的标准来看，掌中宝仍然相当落后，但它仍具备语音通话和文本消息收发功能，并且在其单色数字兼信息显示屏上还有语音邮件、短信以及信号强度的小图标。该手机可存储99条联系人电话，并且可以存储最近16次通话记录。打开电话即可点亮键盘背景灯，并接通来电。在信号接收较弱的区域可采用手机一侧的缩进天线。掌中宝随机附带耳机插口以及电脑同步工具，其后续机型还增加了带单色屏幕的基本网络接入功能。除了翻盖式设计，掌中宝还是第一款带震动提示功能的手机。其标配电池为镍氢电池，用户亦可选配锂离子电池。手机的通话时间为210分钟，待机时间则为180小时。

图书在版编目(CIP)数据

改变历史进程的50种机械 / (英) 查林(Chaline,E.)著;
高萍, 冯小亚译. -- 青岛 : 青岛出版社, 2015.8
ISBN 978-7-5552-2479-2

Ⅰ. ①改… Ⅱ. ①查… ②高… ③冯… Ⅲ. ①机械—
青少年读物 Ⅳ. ①TH-49

中国版本图书馆CIP数据核字(2015)第159900号

书　　名 改变历史进程的50种机械
著　　者 （英）埃里克·查林
译　　者 高　萍　冯小亚
出版发行 青岛出版社
社　　址 青岛市海尔路182号（266061）
本社网址 http://www.qdpub.com
邮购电话 13335059110　0532-85814750（传真）0532-68068026
责任编辑 唐运锋
封面设计 祝玉华
版式设计 刘　欣
印　　刷 北京利丰雅高长城印刷有限公司
出版日期 2016年5月第1版　2020年6月第3次印刷
开　　本 16开（710 mm × 1000mm）
印　　张 13.75
印　　数 8001-13000
书　　号 ISBN 978-7-5552-2479-2
定　　价 49.80元

编校质量、盗版监督服务电话 4006532017 0532-68068670
青岛版图书售后如发现质量问题，请寄回青岛出版社出版印务部调换。电话：0532-68068629